前橋学ブックレット ⑫

シルクサミット in 前橋

－前橋・熊本・山鹿・宇都宮・豊橋－

上毛新聞社

∧BOOKLet

目　次

技術伝播の拠点、前橋。

シルクサミット in 前橋
2016年8月27日(土)～28日(日)
会場 群馬會館　住所：群馬県前橋市大手町 2-1-1

8月27日(土)　開場12:30　13:30～16:30　定員400人事前申し込み

オープニングアクト	「いとし前橋」「豊橋音頭」、カッチーニ「アヴェ・マリア」「すみれの花咲く頃」 真丘 奈央氏（下村兼太郎子孫、元宝塚歌劇団花組）
記念トーク	「小渕しち・前橋・豊橋」 馬場　豊氏（ひとすじの糸館会事） 宮下孫太朗氏（ひとすじの会会長） 手島　仁（前橋市文化スポーツ観光部参事）
市民劇	主演伊優挨拶 「ひとすじの糸 —五糸の祖小淵しちの生涯—」ひとすじの会 （DVD上映）

8月28日(日)　開場9:00　10:00～12:00　定員400人事前申し込み

講演	「藩営前橋製糸所にかかわった商人たち」 並波亜紀子氏（法政大学兼任講師）
基調報告	「生糸のまち前橋発信事業について」 手島　仁（前橋市文化スポーツ観光部参事）
シンポジウム	中嶋　憲正氏（熊本県山鹿市長） 今井　正則氏（大野浪子子孫） 菊池　芳夫氏（石井河岸菊池記念歴史館館長） 茂原　璋男氏（日本絹の里館長、前群馬県副知事） コーディネーター　速水美智子氏（速水堅書研究会）／手島仁

●電車・バス
JR両毛線前橋駅下車、バス約6分
新前橋駅下車、バス約7分
中央前橋駅下車、バス約7分

●車
関越自動車道前橋インターチェンジから国道17号経由、車約10分

※県庁橋内県民駐車場または前橋市市営駐車場をご利用ください。
※駐車場には限りがございます。公共交通機関の利用にご協力ください。

参加申し込みは8月24日(水)までに下記お問い合わせ先へ。
手話通訳等の配慮が必要な方は事前にお問い合わせください。
お問い合わせ先／前橋市文化国際課歴史文化遺産活用室　TEL.027-898-6992
主催／前橋市　後援／前橋商工会議所

第1章　基調報告「生糸のまち前橋発信事業について」

手島　仁（前橋市文化スポーツ観光部参事）

基調報告「生糸のまち前橋発信事業について」

手島　仁（前橋市文化スポーツ観光部参事）

1.「生糸のまち前橋発信事業」とは

(1) 日本最初の器械製糸・藩営前橋製糸所の歴史的な意義の検証・顕彰

　前橋市では「生糸のまち前橋発信事業」を進めております。その目的は二つあります。一つ目は、官営富岡製糸場（世界遺産）に先駆け、明治 3 年（1870）に日本で最初に創業された洋式器械製糸場である藩営前橋製糸所の歴史的な意義を検証し顕彰することです。

　藩営前橋製糸所の責任者は藩士の速水堅曹で、藩士の娘たちが製糸婦として働きました。ここには、全国から伝習生がやって来ました。器械製糸の技術は前橋から全国に広まり、藩営前橋製糸所は明治 5 年に創業した官営富岡製糸場と並ぶ器械製糸技術伝播の拠点となりました。藩営前橋製糸所の伝習生は、工女となるべき女性だけでなく、地域づくりのリーダーとなる男性もいて、この点が官営富岡製糸場と比較したときの特徴ではないかと思います。

(2) 養蚕・製糸業を担った女性に光を当てる。

　目的の二つ目は、養蚕・製糸業を担った女性に光を当てることです。藩営前橋製糸所の製糸婦は伝習生にとっては、養蚕・製糸技術を教える師婦（教婦）でした。西塚梅（速水堅曹の姉）・上羽勇（上羽菊太郎の娘）・大野浪（大野茂惣太の娘）・小林謙（小林準太の娘）らが働いたことが確認できます。

　さらに、次のような女性が前橋市にはいます。旧富士見村（前橋市富士見町）出身の小渕しち（志ち）は二川町（愛知県豊橋市）に製糸（玉糸）技術を伝え、豊橋市を「蚕都」とするもとをつくりました。また、旧粕川村（前橋市粕川町）出身の平野きくは、政府に選ばれタイ国に養蚕・製糸技術を伝えました。

　近代日本の主産業であった蚕糸業は女性が担いましたが、名もなき女性に光が当たることはありませんでした。それは資料が残っていないことも関係がありますが、女性の活躍が期待される現在こそ光を当てることが必要ではないかと思います。

（3）シルクサミット in 前橋

　前橋市では藩営前橋製糸所の技術が伝わった地域をはじめとするゆかりの自治体の関係者や研究者らを招き、研究成果を公開するため「シルクサミット in 前橋」を開催することにしました。

　第一回のサミットでは、1日目（8月27日）は小渕しちに、2日目（同28日）には熊本県から藩営前橋製糸所に学びに来た横井小楠の高弟・長野濬平と前橋から派遣された18歳の工女・大野浪、宇都宮に創業した大嶹商舎に光を当てます。

2. なぜ、この事業を。それは「真の郷土振興」のため

（1）過去の継承と未来の創造

　では、なぜこの事業に取り組むのか、その理由は「真の郷土振興」のためです。

　「いつの時代も、必ず誰かが、人々の幸せを祈り、その実現に努力してきた。

　人々は、その徳を頌え、あるいは口伝し、あるいは一書をなして石に刻す。

　しかし、それらは一世代三十年もすると、大抵は忘れ去られ、碑は憮然（ぶぜん）と

　屹立（きつりつ）している感がする。真の郷土振興は、先人の遺風、業績を新たに掘り起

　こすことから始まる。過去を継承せずして健全な未来の創造はあり得ない」。

　この金言は、埼玉県嵐山町長を長く務めた関根茂章氏が言ったものです。

（2）深澤 孝（こう）の思い―「上州蚕業秘史・関根夜話」より抄出―

　これを別の表現で、「生糸のまち前橋発信事業」に即してお話します。深澤孝（ふかさわゆうぞう）という女性がおりました。前橋藩小参事深澤雄象の娘です。万延元年（1860）に生まれて昭和29年（1954）に亡くなりました。父の雄象は前橋藩の重臣で藩営前橋製糸所設立の中心人物です。

　孝は74歳（昭和9年）ごろに回顧録を残しています。それが「上州蚕業秘史・関根夜話」というもので、みやま文庫第九十四巻『富岡日記・機械糸繰り事始め』（昭和60年）に収載されています。甥の深澤信三が深澤家で口述筆記したもので、深澤家は勢多郡南橘村大字関根（前橋市関根町）にあったので、「関根夜話」という題名になりました。

　藩営前橋製糸所が開業したとき、孝は10歳前後で20歳くらいまでの思い出が抜群の記憶力で語られています。

深澤 孝

その内容を今回の基調報告に即して、以下、引用します。

【藩営前橋製糸所と富岡製糸場】

まず、藩営前橋製糸場と官営富岡製糸場の関係を、孝はこんなふうに言っています。

「生まれ出て、終わるまで不遇に過ぎて、世の中から忘れ去られた大渡製糸（藩営前橋製糸所）の爲にも、随分涙ぐましい犠牲が払われたのでした。国立の富岡製糸所は、日本蚕業正史に燦々とした記録が残されています。それは、国立製糸所として始められ、三井・継ぎ・原商店・受継ぎはしましたものの経済的背景が大きかった爲・いろいろ経営者が移り代っても、今もなお・昔の古い工場の姿が見られるだけ、世間から忘れ去られないでいるのでしょう。それに引きかえて大渡製糸所は、富岡の創立に先立つこと二年、明治三年の開業で日本最古の洋式製糸所でありましたが、不遇に葬られて、今日の若い方など、特に蚕業史でも調べた人でない限り殆ど知らない者が多いことでしょう」。

「この不運な大渡製糸所は、一粒の麦が地に埋もれて沢山の麦を生やしたように、ここは果敢なく終わりましたが、ここに伝習に来ていた人々は、各地に行って・それぞれ立派な実を結びました」。

【シーベルの前橋藩への献策】

孝によれば、藩営前橋製糸所の開設のきっかけは、次のようにスイス国領事シーベルの提案でした。

「前橋を中心とした上州生糸が当時・余り粗製の坐繰製品でしたので、之を西洋式の器械製糸に改良して、よい糸を輸出すれば、上州糸の爲のみならず日本の国益上・大へんな利益である」「西洋人の技師を雇って西洋式の器械製糸工場を起業せよ」。

【深沢雄象の申分】

それに対して藩内では反対の空気が強かったのですが、深澤雄象が次のように説得しました。

「シーベルなどという外国人ですら、これ程に上州糸、否・日本糸の将来のことを・おもんばかって国益を計れと云っているのに、我々日本人が少々の困難ぐらいに辟易していて・どうするのだ」。

深澤雄象

【試験的繰糸場の開設】

　まず、細ヶ沢の武蔵屋伴七の屋敷を借りて試験所が出来ます。すぐに妨害に直面します。

　　「異人のところへ近づくと、生血（いきち）を吸われるとか、肉ばかり喰いたがっているからうっかりしていると命を取られる、といったような言伝えが・うわさされまして、誰も女工の募集にすら応じません」。

　この話は官営富岡製糸場開設のときの有名な話として語られていますが、その2年前に日本で最初の洋式器械製糸を開業するときにあった話でした。

【速水堅曹と西塚梅】

　藩営前橋製糸所は藩士の速水堅曹が責任者で、姉の西塚梅が工女（製糸婦）をまとめました。

　　「速水さんは、専心に経営に当り西塚のおばさんは内を硬く治めて、よく世話をされていました。西塚のおばさんは礼儀作法の事まで細かく世話をやきました。品位ある糸は礼儀を欠き作法くづしては出来るものではない、と云うのでした」。

　梅はすでに結婚をしていて、子どももいましたので、10歳の孝にとってはもちろん、18歳前後の工女にとっても、頼りになる「西塚のおばさん」でした。

　西塚梅の口にしていた「品位ある糸は作法を欠き、作法をくづしては出来るものではない」という言葉は感動的です。さらに、それを当時10歳で聞いた孝が、覚えていたということは、彼女はその半生を製糸業とともにしますが、ずっとそれが行動原理というか倫理基準となったということです。

　その精神は藩営前橋製糸所の工女（製糸婦）のものとなり、彼女たちから器械技術を学んだ伝習生のものとなり、全国に広がったと思います。技術ばかりでなく、この精神こそ価値があると思います。

【強敵・妨害者】

　そして、細ヶ沢から観民稲荷（大渡）に本格的な工場を建設して移りました。その一方で当時の坐繰製糸（そせいらんぞう）は粗製濫造で信用をどんどん落としていました。そこで、前橋生糸（上州生糸）の信頼回復のために、生糸検査所で検査し、商標の強制をしましたが、今度は商人が妨害しました。

　　「これ等の取締りに対して商人たちが強敵となったのです」「速水さんなど大渡製糸所の帰り道に、幾度か刺客（しきゃく）に襲われました。危険は身辺に迫っていたのでした」。

「それ程にして経営した製糸所の製品も始めの間は、他の濫造品（らんぞうひん）と十把一絡（じっぱいひとからげ）に買われてしまうので、反対者は手を叩いて嘲笑（ちょうしょう）します。財政は益々逼迫（ひっぱく）しました。或る時は、速水さんが宅へ参って、男泣きに泣いたことも見ました」。

【遠隔地の志と絆】

　周囲の無理解、妨害にあって八方塞のときに、思わぬところから活路が開けました。全国から伝習者がやって来たのです。

　「地元の人は皆・反対したり嘲（あざけ）ったりしている時に、遠隔地の或る先覚者、有志達は、雄象らの考えていたように将来の貿易、士族の授産ということに目覚めて、途（みち）を蚕糸業に求めここに集って伝習を乞う者が沢山（たくさん）・出来ました」。

　「水沼村の星野長太郎さんは、ご夫妻で大渡製糸に見習に」「細川家からは長野慎（親）蔵という方が夫妻・送られました。長野さんは後に富岡の製糸所長になりましたが、大渡から帰る時に大野という女工さんを連れて帰郷され、製糸所を興されました。それは熊本製糸所の前身でした。徳富さんの・ご兄弟でしょうと思います。後に大久保（真次郎）牧師の奥さんになられた徳富とあ（音羽（おとわ））さんという方なども、その頃に製糸の見習に来ておられました」。

　孝の記憶の通り長野親蔵夫妻が熊本県から来ていますが、その前に岳父の長野濱平夫妻が来ていて、その帰国にあたり、大野浪という 18 歳の工女が派遣されました。大野浪のことはほとんどその記録がありませんが、当時、10 歳の孝は覚えていました。それは、18 歳の娘が九州・熊本県まで行くことは、驚くべきことであったことを物語っています。

【歴史的評価】

　最後に孝は藩営前橋製糸所をこう評価しました。

　「新しい外国貿易に乗出した上州製糸が、たとえ詐欺（さぎ）のような糸を造っても、どしどし売れる時代に将来の日本生糸の声価をということを・おもんばかって・その日の利益を顧みず改良事業に悪戦苦闘した様は、今日・思い出しても涙が出るような事ばかりでした」。

（3）志と絆を受け継ぐ －21 世紀の地方創生の糧に－

　平成 26 年（2014）、「富岡製糸場と絹産業遺産群」（富岡市、伊勢崎市、藤岡市、下仁田町）が世界遺産に登録されました。翌 27 年には、日本遺産「かかあ天下—ぐんまの絹物語」（桐生市・甘楽町・中之条町・片品村）も認定されました。

前橋市は、昭和22年（1947）に制定された『上毛かるた』で「県都前橋　糸のまち」とうたわれています。前橋市が「糸のまち」であったことに市民は誇りを持っています。

　しかし、世界遺産「富岡製糸場と絹産業群」にも、日本遺産「かかあ天下─ぐんまの絹物語─」にも、前橋市は入っていません。そこで、市民は落胆したわけです。この思いは、いまから80年も前の深澤孝の思いにつながっていると思います。

　じつは私は、市民の落胆の思いを聞いて、深澤孝の回想録を思い出したわけです。こうした先人の思いは何とかしなければならないと思いました。藩営前橋製糸所に関わった人々の、国益と地域社会の未来を切り開こうとする志が、遠隔地の同じ志と結ばれ絆となって、日本の蚕糸業は近代化され、近代国家日本を支える主産業となりました。

　人口減少社会・地方消滅の可能性が指摘される時代の地方創生には、明治国家をつくり上げた志と絆を復活させ、その糧にしなければならないと思います。地方創生の可能性を託して、「生糸のまち前橋発信事業」に取り組みたいと思います。

3.『速水堅曹履歴抜萃・自記』にみる伝播地

　本日、シンポジウムでコーディネーターをお務めになる速水美智子さんには、「生糸のまち前橋発信事業」の委員をお願いしています。

　速水さんは、「富岡製糸場と絹産業遺産群」が世界遺産に登録された年に、速水美智子編集『速水堅曹資料集─富岡製糸所長とその前後記─』という本を上梓されました。長年の調査結果をまとめられたものです。この中に、「速水堅曹履歴抜萃・自記」が収載されています。それを見ますと、いつ、どこから、どのような人物が、藩営前橋製糸所に伝習にやってきたかが、わかります。それを編年順で表にまとめると次のようになります。

速水堅曹

明治4年	3月 9日	豊津藩（福岡県小倉）谷川三郎来、小笠原巽ノコト也
	5月12、13日	福井藩堀口鹿門・酒井志摩ノ両人来テ製糸ノ利害ヲ問
	6月 3日	信州諏訪形村宮下利兵衛・細川吉兵衛ヨリ製糸ノ業ヲ習ハントノ出願有リ、上田藩ノ添書来
	6月10日	熊本藩長野濱平来、但本人ハ昨年モ来レリ、国民救助及製糸器械ノ調査ヲ問フ
	6月27日	上田藩史生田中鼎三女子七名ヲ連来、世話人助次郎ト共ニ業場ニ入教授ス
	8月12日	上田ノ工女業熟シ帰国ス
	10月24日	川村ノキ代玉邨安次郎来、野州宇都宮エ器械ヲ役立セントス故、其業為修業工女伝習ノ依頼アリ、上田ノ例ニ倣ヒ受之
	11月25日	宇都宮ヨリ伝習工女五名着ス
明治5年	1月13日	長野親蔵来熊本、製糸伝習ノ請願也、受之同人十五日一ト先東京ニ行、二月二日来テ試験所ニ寓ス
	2月13日	前橋県ヲ群馬県ニ引渡済、製糸所ハ其侭也
	3月 8日	熊本ヨリ和田源太郎及同人妻菊・長野ノ妻千寿来テ試験所ノ近方ニ寓ス
	4月 1日	熊本県ヨリノ客人等帰国ス、伝習済ナリ、此日予細沢武蔵屋ニ引移ル
	4月 2日	東京三井一作来（宇都宮、川村ノ同志）暫ク滞在セシム
	4月 6日	出立出京ス、同九日東京ニ長野ヲ送別ス 明治徳沢及生民　　東西文職壬申春 為国尽忠盟約日　　送別残情協力人
	4月22日	宇都宮ノ工女伝習済帰国ス
	4月29日	酒田県河内又右衛門製糸伝習ヲ請来
	5月17日	製糸場ハ小野善助代木村善五郎エ悉皆可引渡旨県庁ヨリノ命有リ
	5月29日	川村伝蔵製糸伝習ノ挨拶ニ来ル、同晦日帰京ス 開花文明当此際　　欲窮一理時々迷
	6月22日	酒田県ノ依頼ニ依河内又右衛門外女弐人ヲ止メ伝習セシ

		ム、宮本三平器械ノ図ヲ取
	7月 2日	星野長太郎製糸場ヲ開カント欲シ、繭来当所ニ寓シテ伝習スルヲ乞フ
	7月 31日	酒田ノ工女及河内共帰国ス
	9月 2日	富岡尾高、製糸工女募集依頼ノ為来ル
	9月 22日	長野濬平夫妻来て製糸場ニ寓ス
	9月 27日	九月廿七日ヨリ星野ハ製糸場ニ滞在セリ
	10月 15日	長野濬平帰国、大野茂惣太ノ娘浪子ヲ同人ニ付シ遺ス
	10月 26日	福島県令長野濬平ヲ以予ヲ迎フ、予按スルニ基礎不固故、志ヲ述テ辞ス
	11月 9日	備中小田県元福山藩馬場信一来、製糸ノ談有リ
	11月 11日	津山藩安藤・森本・山下来・製糸ノ談有リ
明治6年	1月 10日	備中小田県齋藤二介来
	3月 4日	出立五日東京ニ着、六日横浜ニ至リ七日又東京ニ帰り、八日工部省ノ製糸場ヲ一見シ、ミウラーニ面会シ、九日旧君公ニ見へ庶用ヲ終へ
	3月 10日	福島県官員宍戸・菅野ト共ニ出立、途中十三日石井村川村ノ製糸養蚕場ヲ一覧シ、爰ニ一泊シテ本月十八日福島ニ着ス、是ヨリ県令ト日々製糸改良ノ利害及官民執業ノ分別、地理人情ノ適否等痛諭シ県令ノ意ニ随ハス、流石ノ令モ困却セリ、廿八日ニ至リ二本松ニ行、城址ヲ見テ始テ不可措ノ感起リ製糸所建築ノ念生ス、県令大ニ悦フ、然レトモ官行・民行及会社ノ件ニ付又大ニ諭ス、我ハ官行ノ不可ナルヲ知レハナリ、而シテ終ニ会社ノ組織ヲ以新築ノ談決ス、令工左の趣上申至置 一新方起業中ハ令ニ限リ申立ヘシ、寓官等ト不論又公用有ルモ成効迄出県セス、又用弁ノ為官員一名御差出アルヘシ 令日、皆承知セリ
明治12年	3月 28日	小野惟一郎及女四名ヲ連前橋ヲ廻リ、同三十日富岡二着。

福岡県（小倉）	谷川三郎
福井県	堀口鹿門、酒井志摩
長野県（上田市）	宮下利兵衛、細川吉兵衛、上田藩史生田中鼎三女子七名、世話人助次郎
熊本県	長野濬平夫妻、長野新蔵、和田源太郎、妻菊、長野ノ妻千寿 熊本ヨリノ客人
栃木	伝習工女五名（宇都宮より）、川村伝蔵
東京	三井一作
山形県	河内又右衛門、伝習工女二名
岡山県	馬場信一、齋藤二介
岡山県津山市	安藤、森本、山下
大分県	小野惟一郎、女四名
桐生市	星野長太郎

これを日本地図に落とすと次のようになります。

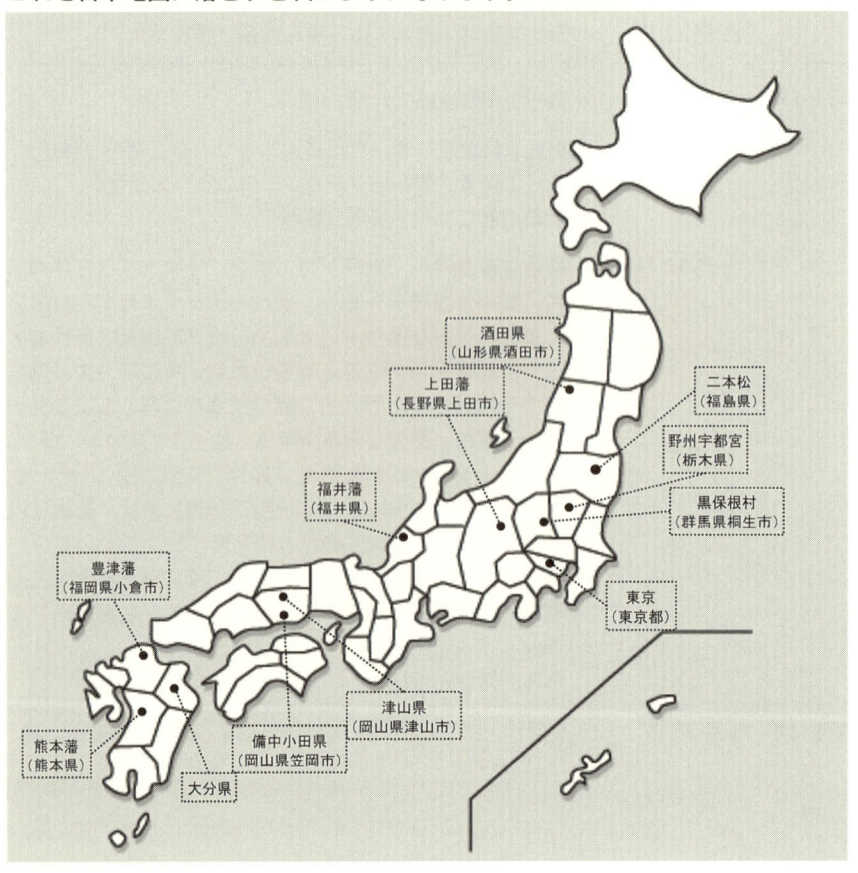

4.『大日本蚕史　正史』にみる藩営前橋製糸所と伝播地

　速水堅曹の資料を図表化したことにより、藩営前橋製糸所と全国の伝播地との関係がイメージできたかと思います。

　そこで、さらに別の資料で確認したいと思います。使う資料は、速水堅曹補修・佐野瑛纂訂『大日本蚕史　正史』（大日本蚕史編纂事務所、明治31年）です。速水美智子さんにこのシルクサミットに合わせてお書きいただいた『速水堅曹と前橋製糸所』（前橋学ブックレット8）によりますと、著者の佐野瑛は山梨県出身でした。日本蚕糸業の歴史を体系化した本を出したいと、病や借金に苦しみながらも、8年の歳月をかけて資料を集め、『大日本蚕史　正史』『大日本蚕史　現業史』の大作を書き上げました。そのとき「一介の書生」に過ぎなかった佐野に暖かい援助の手を差し伸べたのが、蚕糸業界の重鎮であった速水ただひとりでした。佐野は同書の冒頭の「自序に代ふる辞」でそのことを披瀝し堅曹に謝意を表しています。佐野は悲運にも翌年34歳の若さで亡くなっています。

　こうした経緯で出来た本を、このサミットで使わせていただくのも、先人の志を受け継ぐことになると思います。

　さて、資料に即してお話をいたします。原文はカタカナですが、平仮名に改めました。

　明治2年（1869）9月、速水堅曹がスイスの領事館でロンドンの生糸相場表を見て、日本の生糸とヨーロッパのそれとの価格差に驚き、製糸改良に乗り出したことから、蚕糸業の近代化が始まりました。

明治2年───────────

是月（九月）　上野国前橋藩速水堅曹大に諭して曰く、本邦生糸の市上に於ける趨勢恰も国家経済の首要に位する者なるにも不均。其品質の粗雑、取引の弊害見るに忍びざるは蓋し。皇国の失点なりとなし横浜に出張して生糸の利害得失を探究し、売買の情況品質の精粗、欧米需求の模様等略知得し。偶々瑞西国岡士館に於て倫敦の調査に関る生糸相場表を一見し、彼我相場の非常に差異あるを以て、愈々益々改良の企図心を強くし、製造の精粗売買の次第に依つて多く其結果を現はすを知り、是より頻りに欧州生糸製造法を知る者を捜索す。

　明治3年になって速水堅曹は、横浜の居留地で製糸業に精通した外国人を探しますが、いませんでした。しかし、神戸の居留地にイタリアで13年間製糸業に従事し、その技術に熟練していたスイス人のミューラーがいることを聞い

て、スイス領事シーベルを介して、ミューラーを前橋藩で雇うことにします。6月にミューラーが前橋にやって来ます。俸給は1カ月メキシコドル300枚、契約期間4カ月でした。まず、市内の民家（武蔵屋伴七）を借りて試験所とします。けれども、藩内に反対があり、商人も妨害します。

　10月にミューラーの契約が切れるので、速水堅曹は片時もミューラーのそばを離れず技術の習得に努めました。富岡製糸場開業にあたり速水は呼ばれて意見を求められました。規模が大きすぎることとブリュナーが製糸業に熟練していないことに警告を発しました。

　11月に前橋藩では洋式器械製糸の効果伝習の成績を大蔵省に上申しました。こうして藩営前橋製糸所は全国のモデルとなりました。

明治3年

三月　去年九月以降前橋藩士速水堅曹は製糸業に熟達したる外国人探索しつつ在りしに、横浜居留の外人誰とて斯業に精通するの者なく、漸く神戸在留の瑞西国人シ、ミウラーなる者伊太利国に十三年製糸製造に従事し頗る製糸に精通する者なりと聞知し、就て其術を得んと、瑞西国コンスル、エッチ、シーベルに謀りミューラーを前橋藩に雇入れを決し、官に乞ふに、之を免さる。実に同年三月なり。

六月　上野国前橋藩官許を得て、横浜に於て本邦在留の瑞西国人シ、ミュレルを雇入し、同国人エッチ、シーベル同道前橋へ着す。ミュレルは生糸製造上、巧妙なものなるを以て、俸給一ヶ月「メキシコ、ドルラル」三百枚づゝ期限四ヶ月を以て約束し、前橋市中の民家を借入。器械はミュラルの指揮を以て据附け事業に着く。蓋し本場所撰定の上移転せんとの考案なり。然れども当時藩中に於て、外人の雇入を非難する者多く、忽ち藩人の評議沸騰し、商人は新法の行はれて自己の不利を来されを恐れ、流言湧出頗る生糸の製作に困難を與ふ。是を本邦製糸器械設立の嚆矢となす。

　十月前橋藩は同藩製糸場雇備の瑞西国人ミュラー期満ちたるを以て、之を解備し横浜に送り、即日瑞西国「コンシェル」へ引渡し約定書引戻せり。是れ当初ミュラーを雇入て以来四ヶ月其間速水堅曹は練習の短きを以

前橋製糸所（勝山製糸時代）

て、自家将来の大計を画策するは普通にして及ぶ者に非ずとなし、昼夜ミュラーの座側に在つて、欧州製糸の方法を探究尋問し、而□始めて本邦製糸改良の秘術を知得したりと謂ふ。

閏十月七日製糸場建築の為め仏蘭西人ブリユナ雇入の條約、民部省に於て全く成る。―（略）― 是より先き杉浦尾高の一行ブリユナを率ひて富岡に至り地理見分の際、前橋藩に通牒して藩士速水堅曹を招き此擧の意見を具せしむ。時に速水堅曹述て曰、大工事未だ本邦に適せざらしを恐るるなりと答ふ。蓋し速水堅曹は意中のブリユナ製糸事業に熟練せざるを疑ふ者の如し。

十一月前橋藩は洋式器械製糸の効験伝習の成績等を大蔵省に上申せり。

　明治4年6月に熊本県から長野濬平が伝習にやって来ました。長野は横井小楠の高弟で「養蚕富国論」を唱えていました。10月には江戸の豪商・川村伝衛（迂叟）が、いまの栃木県宇都宮市に製糸所を建設するため、手代の玉村安次郎と宇都宮藩士の娘5人を藩営前橋製糸所に派遣しました。

明治4年

六月　熊本県肥後国長野濬平は同地製糸業開設の目的を以て洋式器械製糸伝習の為め上野国前橋製糸場に入場す。
十月東京深川区中川町豪商川村伝衛、下野国宇都宮町に製糸所を建設せんと手代玉村安次郎をして宇都宮藩士の女子五名を率ひ、上野国前橋製糸所に伝習に入場せしむ。

長野濬平

　明治5年2月廃藩置県により藩営前橋製糸所は群馬県に引き継がれ、6月には政商の小野組に払い下げられました。3月に宇都宮郊外の石井村に川村伝衛（迂叟）による50人繰の器械製糸・大嶋商舎が開業し、前橋製糸所の工女が教師（師婦）として招かれました。

　9月に再び長野濬平が夫人と共にやって来ました。器械製糸の技術を習得することは大変なことでした。それゆえ、速水は長野の帰郷に際して、18歳の工女・大野浪を同行させたのだと思います。群馬県では勢多郡水沼村（桐生市）の星野長太郎が伝習にやって来ました。

　10月には官営富岡製糸所が開業しました。同じ月に福島県令安場保和は同県も養蚕業の盛んなところであるが、海外貿易が始まると粗製乱造になってきた

ので、生糸改良を行うため速水堅曹を招聘しようとします。しかし、速水は前橋での事業が半ばであることや官業では民業を圧迫することなどを理由に辞退しました。

　11月には備中国（岡山県西部）馬場信一、美作国（岡山県東北部）山下吉蔵が前橋製糸所に伝習にやって来ました。彼らが持ち帰った技術が、中国地方の製糸業発達の原動力となりました。

明治5年

二月前橋藩の創設に係る製糸所を以て群馬県庁に引渡せり。

（三月）同月宇都宮県下石井村に川村伝衛五十人繰の製糸器械所を設置し、前橋製糸所伝習工女を教師として聘用（へいよう）せり。

同月（六月）前橋製糸所を以て群馬県は更に之を小野組に任じたり。

九月熊本県長野濬平夫婦の者再び前橋製糸所に入場、製糸の業務を講究す。蓋（けだし）明治四年六月伝習を受けてより、茲（ここ）一年余の後なりしも、未だ模範業務の至らざるを憂へて再び入場するの篤志に出づと云ふ。（とくし）

又曰上毛国勢多郡水沼村星野長太郎は同地方の生糸古来軽絹（けいきぬ）用原料として高評の顕著なる生糸を産出する所なりしに、近年粗悪に流れたるを嘆（たん）じ、即ち之が改良に従事せんが為め製糸器械を創始せんと欲するも、繰糸の良好なる人なきを憂へ、自ら前橋製糸所に入場して、其伝習を受けたり。

十月富岡製糸場は工事落成事業開始に障りなきに至るを以て、是月繰糸（そうし）を開業せり。

是月（十月）福島県令安場保和（やすばやすかず）は同地養蚕業古来より名産地なるに、外国交易創始以来生産の生糸に稍々（やや）粗雑を来したるを以て此際之が改良を行はすんば、同地斯業の衰退を来さんを憂へ、適任の者を撰定しつつありし偶々上毛前橋製糸場創始より熱心事に当りし同藩速水堅曹あるを聞き、同人を招く然れども、堅曹は業巳（ぎょうすで）に前橋に於て生糸改良の業を起したるを以て、之を中断するに忍びず。加之（しかのみならず）県官自ら事業を経営するは民業発達の長策に非ざるを縷々（るいるい）陳述して安場保和の招傭を辞せり。

十一月又曰小田県備中国馬場信一、美作国津山山下吉蔵等同地に製糸業を創始せんと相携へて関東に至り、前橋藩製糸所の完全なるを認め、同所に入場し製糸伝習を受く。是れ中国製糸発達の原動となす。

　明治6年1月福島県令の安場は速水の招聘が諦めきれず、今度は大蔵省、群馬県を介して要請しました。そこで、速水は群馬県令青山貞に「製糸改良の要地は群馬県である」と相談しますが青山県令は冷淡でした。けれども、県令が

青山から河瀬秀治（群馬県と入間県が合併し熊谷県になり同県令）に代わると、河瀬県令は殖産興業の点から生糸改良の抱負を持っており、速水の福島県往きを止めます。しかし、安場県令も熱心で職員二名を派遣して、速水の説得に努めました。その熱意を受け入れ、速水は福島県に行くことを決意します。

　しかし、河瀬県令と相談して速水は福島県の生糸改良を成し遂げたら、群馬県へ戻って、その業に従事することを福島県令の安場に内諾させます。7月に旧二本松城跡に製糸所を開業しました。二本松製糸所は東北七県の生糸の模範となったので、12月に速水はその功績を称えられ、安場県令から表彰されました。

明治6年

一月福島県令安場保和は曩（さ）きに明治五年十月上毛前橋藩の製糸所主任たる速水堅曹を招きて、岩代（いわしろ）地方生糸改良の功を奏せんとしたりしが、同人の辞退に依りて止む所ありし。然れども生糸改良は之を忽諸（こつしょ）に付す可からざるを以て、是月大蔵省に稟請（りんせい）し群馬県へ紹介し速水堅曹を招聘（しょうへい）せんとす。此時速水堅曹は主張して曰く、製糸改良の要地は群馬県に若くはなしとの旨趣（ししゅ）を以て之を群馬県令青山某に上申せり。然れども県令は冷淡に之を聞くのみにして敢（あえ）て関係する所なかりし。

二月群馬県令青山某更迭し河瀬秀治之に代り、県治上物産蕃殖（ばんしょく）に意を止め殊に生糸改良に付ては大に抱負あり。私かに速水堅曹に説て同人の福島県に行くを止めたり。然れども此時福島県令安場保和は官員二名を派遣して懇篤に速水堅曹を促せりと雖も、同人は群馬県の生糸改良を意に決したる所なれば、再応固（さいおう）辞せしが、彼県官は県令懇篤の意を伝へて止まず。故に速水堅曹黙止し難く福島県に行くことを受諾す。蓋し堅曹は嘗て福島地方繭糸の性質美麗にして只僅（わず）かに製糸上に不可の点あれば、之に改良する事容易なるが故生糸改良は福島県より始むるを以て至当なりと断按（だんあん）せし事もありしなり。然れども速水堅曹は群馬県令河瀬秀治に約したる條件あれば自身が福島県にのみ止（とま）らば県令の希望に背き、群馬県内の改良に従事する事能はざるを深く憂ひ於茲（ここにおいて）河瀬秀治に内談し、一旦彼地の改良を為すも、忽ち帰（たちま）つて自県の改良に従はんと内約し、県令は福島県令に添書（てんしょ）せり。

七月曩（ゆる）に開業の福島岩代国二本松城趾製糸所結社を允され、社業大に緒（ちょ）に就（つ）く。即ち陸羽七州の眼目を啓発し将来該地製糸の声価を市場に発揮するの瑞祥（ずいしょう）を茲に銘せしむるに足る。十二月福島県令安場保和は曩きに群馬県より招聘せし速水堅曹が能く該県の生糸上尽力したるを以て良品を輸出し、陸羽七県の生糸模範を造出（か）したるを嘉し、左の如く賞せらる。

速水堅曹

　　国家繁殖の本旨を体認し製糸社を興し工場建築器絨造作工女等業に至るまで
指揮行届き良品出製にも立至り尽力不少候依て爲慰労別紙目録の通差遣候事

　　明治六年十二月　　　　　　　　　　　　福島県

　　目録

　　　金百円

　　明治7年3月に勢多郡水沼村（旧黒保根村、いまの桐生市黒保根町）に星野
長太郎が水沼製糸所を開業しました。この開業は河瀬秀治熊谷県令と速水堅曹
が相談して星野に設立させたもので、速水は二本松製糸所から製糸教師2名を
贈与しています。同月、深澤雄象、桑島新平（速水堅曹の兄）らが組合をつく
り、県から資金を借りて、勢多郡関根村（前橋市関根町）に桑園6町歩、養蚕
室、製糸所を併設した養蚕製糸模範所を設立しました。この関根製糸所（研業社）
は河瀬県令と速水の構想でした。

　　11月に前橋製糸所を経営していた政商の小野組が破産し、同所は内務省勧業
寮が管轄することになりました。

明治7年

（三月）是月上野国勢多郡水沼村星野
長太郎製糸所落成開業す。是れ曩き同
地生糸改良の目的を以て昨年五月河瀬
秀治速水堅曹等が相談に依り、星野長
太郎之を設立する事となりたるなり。
速水堅曹は福島より製糸教師二名を
贈與（ぞうよ）せり。

同月上野国前橋藩士深澤雄象及桑島
新平等組合を結び、勢多郡関根村に
於て適地を求め、桑畑六町歩に養蚕室
を設け、善良の繭を作らしむるの方法
を定め、其側壹町三反歩を卜（ぼく）として製
糸所を新築し、養蚕製糸模範所と成さ
ん事を決したり。為に県庁より資金
一万〇四百余円の貸與（たいよ）を為す。該所は
曩きに河瀬秀治速水堅曹等が水沼製糸
所を設立する謀議（がいじょ）の際に於て共に其議

水沼製糸所

関根製糸場

を興したる者にして、該関根製糸所は速水堅曹の監督に係る所なり。

十一月小野組閉店す。─（略）─上野国前橋製糸所の如き該組の所有したりしが一時之を勧業寮に於て継続する事となり、該寮少属木村醇<ruby>木村醇<rt>きむらじゅん</rt></ruby>を挙げて之れが主任たらしむ。

　明治8年6月、前橋製糸所は内務省勧業寮から前橋商人の勝山宗三郎に払い下げられました。勝山は明治5年から官営富岡製糸場の繭の買い入れを大蔵省から委託されていましたが、その職の解任を願い出たところ、職を継続するか前橋製糸所を引き受けるか、選択を迫られ、止むを得ず前橋製糸所を引き受けました。そこで、勝山はボイラーを据え付け、釜数も増やしました。前橋製糸所（大渡製糸所）は勝山製糸所となりました。

明治8年

（六月）是月内務省勧業務所轄の前橋製糸所、同地商人勝山宗三郎に払下ぐ。価金は地所器具共一千〇五十円なり。当時頗る該製糸の破損を来したるを以て改良経画の者に非れば維持覚束なきを以ての故なり。蓋し勝山宗三郎が該所の払下を受けたる所以のものは曩きに明治五年富岡製糸所の繭買入れを大蔵省より嘱托を受け、茲に四年を継続し是月該職を辞せんと請願する所ありしに、同省之を辞さず。且つ言ふ該職を継続するか将た当時内務省勧業寮の所轄前橋製糸所を引受け、該所に就て生糸の改良に従事するかの二問を勝山宗三郎に謀る所ありき。遂に同人は不得止前橋製糸所を引請くる事となり。次で之が払下げを請ふて許可を得たる者なりと即ち蒸気機鑵を据付け繰糸釜を増加することとなる。

　明治9年1月、群馬県令楫取素彦<ruby>楫取素彦<rt>かとりもとひこ</rt></ruby>は、速水堅曹・星野長太郎・佐藤百太郎らと生糸のアメリカへの直輸出を始めるため、星野の弟の新井領一郎をアメリカへ派遣することにしました。新井は2月にアメリカへ出発しました。

　駐日大使ライシャワー夫人のハル・松方・ライシャワーが著した『絹と武士』によって明らかにされた逸話として、このときに吉田松陰の妹で楫取県令夫人であった寿は、松陰の形見の短刀を「この品には兄の魂が込められているのです。その魂は、兄の夢であった太平洋を越えることによってのみ、安らかに眠ることが出来るのです」と託しました。2015年のNHK大河ドラマ「花燃ゆ」41話でもこの逸話が取り上げられ、そのシーンが放映されました。

　先週の8月21日に前橋公園に、楫取夫妻が星野・新井兄弟に松陰の短刀を

託す銅像が完成し、除幕式が行われました。松陰の形見の短刀も、除幕式に参加した新井領一郎の曾孫であるテイム新井氏が持ってこられ、前橋市へ寄託されました。

　速水堅曹も新井領一郎を追いかけるように、4月にフィラデルフィア万国博覧会の審査官を命じられ、アメリカへ渡りました。速水の審査官としての見識・力量は素晴らしく各国の審査官に一目置かれ、繭・生糸の審査は速水がすべて決定する結果となりました。まさに日本の名誉でした。速水は明治3年の6月から10月までのわずか4カ月の短期間に昼夜寸暇を惜しんでミューラーからその技術を習得しました。さきに紹介した『大日本蚕史』に「本邦製糸改良の秘術を知得したりと謂ふ」と記述されています。それが世界的に立証されたことになります。

　こうした点に何よりも、速水堅曹と前橋製糸所の歴史的な価値があります。

明治9年

（一月）是月群馬県令楫取素彦は速水堅曹星野長太郎及暨きに米国より帰朝したる佐藤百太郎等と謀り、生糸直輸出開始の為め星野長太郎の弟新井領一郎に託して米国へ遣さん事を内決せり。
（同月）二月群馬県人佐藤百太郎新井領一郎生糸直輸出の為め米国に渡航す。（ママ）
九月速水堅曹米国費府万国博覧会審査官を終へ帰朝せり。彼の国に於て審査中繭生糸に付ては各国同官の議を説破し、特権を占め各国は勿論仮令伊仏の繭生糸と雖も同人の鑑定に決し、同国人等も同意せりと云ふ。蓋し始めて万国の審査官に列して此権を占むるは日本の名誉と云ふべし。

　明治10年西南戦争が勃発し、長野濬平・嘉悦氏房らが立ち上げ、大野浪が工女の指導に当たっていた緑川製糸場が西郷隆盛軍によって大きな被害を受けました。長野の高弟で大野浪の夫となる今井喜源太の履歴書に西郷軍を鎮圧したことが「賞罰」の欄に記載されていますが、このとき緑川製糸場を守るために戦ったのかもしれません。

明治10年

七月肥後国緑川製糸場、西郷隆盛叛逆の当時鹿児島賊兵の為め蹂躙せられ多く資財を失ひ、将に場を倒

緑川製糸場跡に立つ碑
（熊本県甲佐町）

すに至らんとするを以て、此月熊本県は資金の貸与を内務省に申請し、同省は之を大蔵省に稟議して許可を與ふ。

　明治 11 年前島密と速水堅曹らが相談して、官営富岡製糸所の改良のため、長野濬平の娘婿で藩営前橋製糸所へも伝習に来たことのある長野親蔵を雇うことを決めました。翌年 1 月に親蔵は内務省御用掛となり、速水が 2 月に富岡製糸所のすべてを任され、速水─長野ラインで、つまり、かつての藩営前橋製糸所の責任者速水と伝習生長野で、富岡製糸所の改革が行われることになりました。こうした点にも藩営前橋製糸所の歴史的な意義があります。

長野親蔵の墓（富岡市・龍光寺）

　しかし、明治 12 年 9 月 12 日の真夜中、長野は何者かに殺害され、非業の死を遂げてしまいます。怪死。長野の墓は富岡市の龍光寺にあります。

明治 11 年

（十二月）同月勧農局前島密及書記官井速水堅曹等富岡製糸所改良の方法に議し及熊本県長野親蔵を挙げ同所に関係せしむるの内議をなせり

　明治 12 年 3 月、大分県から小野惟一郎（いいちろう）が女性 4 人を伴って前橋製糸所を視察した後、富岡製糸所へやって来ました。

明治 12 年

（三月）同月大分県大野（小野）惟一郎は同地に製糸場建設の目的を以て婦女四名を引率し、上野の製糸場（※前橋）を視察し終に富岡製糸所に至り。当時所務整理の為め同所に在る速水堅曹に事業の長策を教示せらる。

　明治 14 年 6 月、第二回内国勧業博覧会が開かれました。生糸及び繭の審査結果で、福島・群馬・長野の 3 県がトップクラスです。次いで埼玉・宮城・山梨・岐阜・山形です。製糸所が開業したばかりですが、愛知・広島・岡山・大分・熊本の各県が成績を上げています。福島・山形・広島・岡山・大分・熊本の各県は藩営前橋製糸所に伝習生がやって来たところです。また、すべての県が速水堅曹の指導を受けています。

　第二回内国勧業博覧会の成績に、藩営前橋製糸所が官営富岡製糸所と並ぶ製

糸機械技術伝播の拠点であったことが確認できると思います。

六月　第二回内国勧業博覧会の審査を畢へ　今上皇帝陛下親臨し賜ひ褒賞授與^{ほうしょうじゅよ}
の式を東京上野公園に行ふ其審査の結果概ね左の如し
生糸及び繭

　−（略）−然れども細かに之を論評せば、各地大に優劣ありて一様ならず。
其一方に雄視して自から鼎立の状をなすものは福島群馬長野の三県なり。夫の
埼玉の如き宮城の如き或は山梨岐阜山形等の如き稍々此と雍行^{ようぎょう}すべし。而して
其開業日尚浅くして頗る進歩の色を顕はしたるものは愛知広島大分岡山熊本等
なり。其他未だ論ずるに足らず。−（略）−

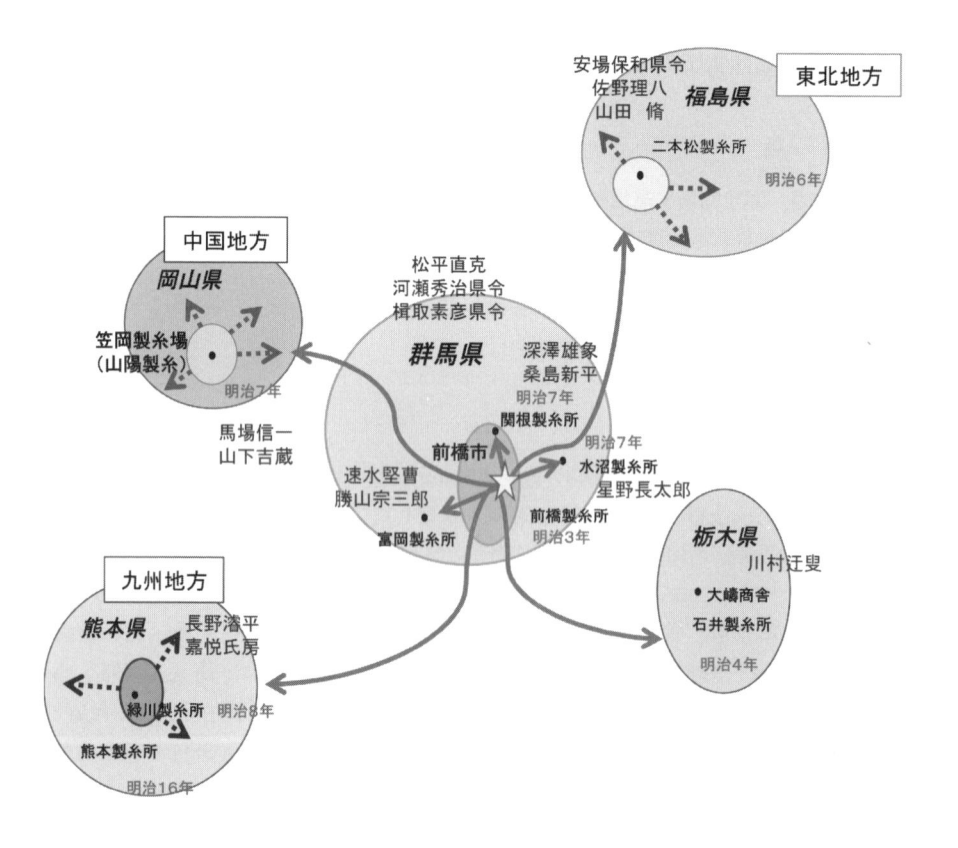

5. 長野濬平と大野浪

（1）『山鹿市史下巻』（山鹿市）の記述

　さて、次に大野浪に移ります。昭和60年に編纂された『山鹿市史』に次の記述があります。

前橋工女大野ナミと山鹿の今井喜源太

　日本の製糸工業は、官営模範工場富岡製糸からはじまったといわれ、その女工は士族の子女であったため、「富岡工女」の名で世に知られる。だが、それ以前から同県前橋では器械製糸場が操業しており、士族の娘たちが就業していた。上州前橋士族大野義三太の二女ナミ（浪）もそのひとりであった。

　熊本県の蚕糸業は横井実学党の長野濬平によりはじめられた。かれが明治二年はじめて甲武上信地方に養蚕視察に出るずっと以前、南関町で学塾をひらいていたとき、山鹿郡小原村の十歳ばかりの少年が教えをうけた。名を今井喜源太という。それから十八年、明治六年に二人は再会した。長野濬平は熊本県養蚕試験所の本部所長、今井喜源太はまた教えを乞いに試験所の門をたたいたのである。

　そこに十九歳の娘大野ナミがいた。前年（五年）濬平によって製糸教婦として招聘されていた娘である。大野ナミは六年、七年と同試験場にて製糸技術を教授し、八年上益城郡に緑川製糸が設立されると、工女百人あまりをひきつれて同製糸場の発展につくした。

　今井喜源太は七年一月から四月にかけて「蚕糸業実地見問之為、東京工部省生糸場ニ至リ、夫レヨリ上州嶋村田島彌平方ニ滞在、夫ヨリ信州上田在下ノ条村玉井本蔵方に滞在。仝年四月帰省」と東京工部省・群馬県・長野県と蚕糸業の実地見学にまわった。

　大野ナミは十年六月、とつぜんのように山鹿郡宗方村に転じて、数十名をあつめて座繰製糸をおしえはじめた。なぜに山鹿へ、もちろん今井喜源太と結婚したからである。

　今井ナミのその後の山鹿での製糸・養蚕の普及活動はつぎのとおり。明治十三年〜十四年十月　志々岐村にて製糸教授。十四年十一月　小原村に転居。十五年二月　小原村にて小蚕室を新築し、養蚕製糸の業に従事。

　今井喜源太は、十一年十一月より半年間、緑川製糸場が器機力を蒸汽に転換したため、妻ナミが同所に招かれたとき、同期間同行したあとは、小原・山鹿の校務係、南島（副）戸長、山鹿町助役など、教育・政治畑をあゆみ、養蚕・製糸業との関係はうすれていったようである。

　山鹿郡土木勧業町村聯合会による製糸伝習所が設立されたり（時期不明）、十九年山鹿蚕糸組合が設立されるなど、明治二十年前後から官民合同の養蚕製糸拡大のうごきがでてくるが、これらの動向と今井ナミの関連は、いまのところまったくわからない。肥後の製糸教婦の祖の後半生は霧のなかにある。

大野浪について、最後に「肥後の製糸教婦の祖の後半生は霧のなかにある」とありますように、大野浪が熊本県の製糸の教婦の祖と位置付けられながらも、今井喜源太と結婚してからの動向はまったくわかっていません。

　しかし、『山鹿市史』は明治 15 年まではかなり詳しく大野浪、今井喜源太の動向に触れています。資料的裏付けがあるはずです。そこで、探してみますと、大野浪については大正 5 年に編纂された『熊本県蚕業史』の「蚕界功績者閲歴」（500 頁）の記述、今井喜源太は熊本県立文書館所蔵の履歴書であることが分かりました。次に紹介するのがそれです。

（2）大野浪の教授歴

◇今井浪女

　女史は元群馬縣上州前橋士族大野義三太の二女にして、後年山鹿郡小原村今井喜源太の妻となる。同女は慶應三年一月より明治二年迄群馬縣上州前橋に於て座繰製絲を執業し、同三年一月より同五年九月迄全縣全所器械製絲場に於て器械製絲業を執る。同年十月熊本縣下に於て有志結合製絲器械創設に付、長野濬平氏より群馬縣速水堅曹氏並前橋械製絲場教婦西塚梅女に依頼し教女を聘したるに、其招きに應じ来縣せるは即ち同女にして時に歳十八。詫摩郡九品寺村養蚕試驗所に於て座繰並器械製絲に従事。然るに當村傳習を希望する婦女多く、同六年数十名の工女を招集して之を教授せり。同七年座繰器械十五臺を加ふ。此時長崎縣對馬、福岡縣福岡、秋月、柳川、大分縣等より工女数十名来場して傳習を乞ふ。同八年上益城郡豊内村に緑川製絲場を設置するに依り、工女百有餘名を引連れ同所に至り、器械製絲に蠡力する事二ヶ年、全十年六月より山鹿郡宗方村に轉じ生徒数十名を集め同十一年十月迄座繰製絲を教授す。同年中緑川製絲場器械力を蒸汽に變換するを以て、再び十一月より同所に到り十二年五月迄執業し六月より再び山鹿郡宗方村に於て座繰製絲を以て生徒十餘名に教授す。同十三年には同郡志々岐村に到り同十四年十月迄同所に於て工女を集め教授し、十一月に至り全郡小原村に轉居す。十五年二月小原村に於て一の小鷺室を新築し、専ら養鷺製絲の業に従事し益盛大永遠を企圖せり。斯く婦女の身を以て故郷を辞し本縣に来り多数の製絲工女を養成し、之が為め漸次縣下に於ても優等の工女輩出し、輸出の製絲を以てするに至れるは、同女の誘導懇到なる功労に皈着（きちゃく）するものと云はざるべからず。

　大野浪は熊本県だけでなく、長崎・福岡・大分県の工女も育てました。まさに九州の教婦であったことが分かります。宗方村、志々岐村（ししき）、小原村（おばる）は宗方村が山鹿町を経て山鹿市に、志々岐・小原は米田村を経て山鹿市になっています。

（3）今井喜源太の履歴

　今井喜源太の履歴は、明治 21 年 4 月に山鹿郡南嶋村副戸長に就任した際に

提出されたものです。

履 歴 書

山鹿郡山鹿町平民 / 今井喜源太　印 / 四十二年

安政二年一月玉名郡南関町長野濬平二随ヒ支那学研究

仝六年一月福田春蔵二随ヒ支那学研究

慶應元年二月實地事情見聞之為自費ニテ長崎港へ到仝年四月帰宿

明治四年三月飽田郡嶌村金坂淳次郎二随ヒ支那及国書研究

仝六年四月託摩郡九品寺村長野濬平二随ヒ養蠶傳習

仝七年一月蠶糸業實地見聞之為東京工部省生糸場二到リ、夫レヨリ上州嶋村田嶋彌平
方二滞在。夫ヨリ信州上田在下ノ条村玉井本蔵方二滞在。仝年四月帰宿。

職 業

文久元年二月山鹿学校誘導被申付

慶應三年天草警衛被申付

明治一年旧藩主随行京都詰被申付仝屋敷内学校書物方被申付給料ノ外別途金□□□
月々下賜ル

仝二年四月帰宿

仝年七月山鹿学校誘導被申付

明治八年三月山鹿郡志々岐小学校教員拝命

仝十年二月四第六大区十二小区副戸長拝命

仝年十一月依願被免職務

仝年十一月下益城郡緑川製糸場二到滞在

仝十一年五月帰宿

仝年十二年一月山鹿郡志々岐小学校二聘セラル

仝十四年八月山鹿郡南嶋村外三ヶ村戸長兼学務委員拝命

仝十七年七月改革二依リ被免職務

仝年十月山鹿郡公立小原小学校々務係拝命

仝十八年十一月山鹿郡山鹿町公立山鹿小学校々
務係拝命

仝年勤務罷在然

賞 罪

鹿児嶋賊徒征討ノ際蓋力然二付慰労金トシテ金
拾五円下賜ル

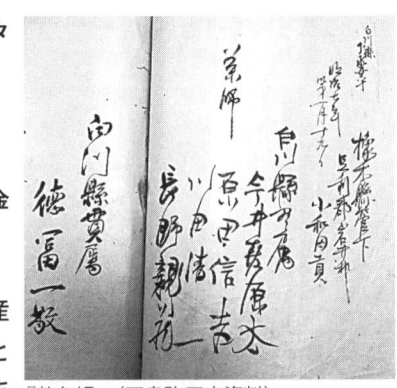

『芳名帳』（田島弥平家資料）

　明治 7 年 1 月、今井喜源太は世界遺産
となった島村（伊勢崎市）の田島弥平のと
ころへ視察に来ていることが書いてありま

したので、『田島弥平家文書』を確認しましたところ、「芳名帳」の明治7年1月19日の記述に白川県（熊本県）貫属今井喜源太、原田信吉、川田清一、長野親蔵、徳富一敬の名前が出てきました。徳富一敬は徳富蘇峰・蘆花の父親です。

今井喜源太、ナミの墓（正面）（側面）　　　　　　　　（裏面）

　今井喜源太は明治22年山鹿町が誕生すると、助役に就任しています。

（4）夫妻の墓（山鹿市光専寺）と過去帳（同市淨正寺）

　熊本県山鹿市へ調査に出かけ、山鹿市教育委員会のご協力を得て、今井喜源太・浪夫妻の墓が市内の光専寺内にあることが分かりました。

　墓石正面に「今井家之墓」、側面に「大正五年一月十日卒今井喜源太七十一才／明治十三年六月一日卒今井浪四十六才／昭和十八年八月一日卒今井清男六十六才／昭和十八年八月十三日卒今井勉三六十才／昭和五十二年一月十九日卒今井菊枝八十七才」と5人の名前が刻まれていました。裏面に「今井睦男建之」とありますので、喜源太・浪の孫の睦男氏が建てたものとわかります。浪の没年が明治33年であるのに明治13年と誤って刻まれています。

　残念ながら光専寺は菩提寺ではく、それ以上の手掛かりはありませんでした。

　しかし、今井家の菩提寺が山鹿市郊外の浄正寺であることが分かりまし

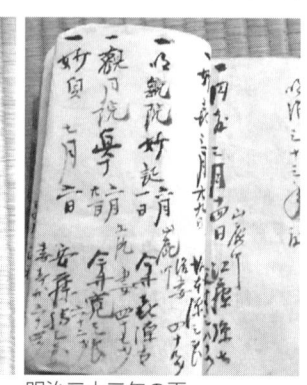

浄正寺に残る過去帳　　　明治三十三年の頁

た。同寺には明治 33 年の過去帳があり、そこに「一明鏡院妙誕　六月一日
山鹿町　今井喜源太妻四十七才」と書かれていて、浪は明治 33 年（1900）47
歳で亡くなったことが判明しました。
　前橋から熊本へやってきて、30 年後に亡くなったことになります。

6. 川村迂叟と大嶋商舎

（1）器械製糸の勃興

　最後に川村迂叟と大嶋商舎についてお話します。栃木県史をもとに表をまと
めました。世界遺産になった官営富岡製糸場は明治 5 年の開業です。その前に、
藩営前橋製糸所、築地製糸所、大嶋商舎の三つが開業していることが分かりま
す。フランス式の官営富岡製糸場と違い、イタリア式（ケンネル式）です。そ
れは藩営前橋製糸所がミューラーによってイタリア式を採用したからです。
　築地製糸所は藩営前橋製糸所を 4 カ月で解雇されたミューラーを招いて創業
しました。大嶋商舎は速水堅曹や藩営前橋製糸所の工女たちの指導でできたも
ので、まさに藩営前橋製糸所と兄弟の関係にあります。
　官営富岡製糸場開業の前に創業したこの三つの製糸所の存在は、もっと注目
されてよいものだと思います。

名称	創業開始	様式	経営主	指導者	動力	釜数	従業者
藩営前橋製糸所	明治 3 年 6 月	イタリア式	前橋藩→群馬県（明治 5 年 2 月）→小野組（明治 5 年 2 月－同 6 年 1 月）→勝山宗三郎（勝山製糸）→勝山善三郎（同　明治 3 6 年倒産）	ミューラー（スイス人）	水力（初め人力）	12	師婦 1、上女 13 人、中女 2 人、小女 15 人、男 1 人（水力となり非職）
築地製糸所	明治 3 年 10 月	イタリア式	小野組（明治 6 年 6 月廃止）	ミューラー（スイス人）	水力		
大嶋商舎	明治 4 年 4 月	イタリア式	川村迂叟→三井（明治 23 年 3 月）→原合名会社（明治 35 年 9 月）大正 4 年 3 月閉鎖	速水堅曹	人力（明治 7 年から水力）	12	工女 15 人、僕従 3 人
富岡製糸所	明治 5 年 10 月	フランス式	官営→三井（明治 26 年 10 月）→原合名会社（明治 35 年 9 月）	ブリューナー（フランス人）	蒸気機関	300	210 余人

＊イタリア式（ケンネル式）とフランス式

（2）大﨑商舎の評価

　つぎに大﨑商舎についてですが、森本宋『原富太郎』の記述がよくまとまっていますので、これを紹介いたします。（引用は原文のまま）

　大﨑製糸所（おおしませいしじょ）は東京深川中川町の豪商河村迂叟（かわむらうそう）が、明治四年四月その郷里の栃木県河内郡石井村（宇都宮在）に設立したものである。河村家は代々幕府や諸侯の御用達をつとめ、文久二年には宇都宮藩主から禄五百石を給されるなどの家柄であるが、迂叟（※通称伝左衛門）は、その恩を感じて藩内の殖産興業をはかり、新田林野の開墾、茶園、桑園の開墾、桑苗、蚕種の改良製造などにつとめたが、製糸工場の創設も、その一つであった。機械はイタリア式を模造した十二釜で、工女二十五人の小規模であったが、前橋製糸所（明治三年）、小野組築地製糸所（同三年）に次ぐ三番目の先進欧式工場であった。その後設備を二百釜に拡張し、米大統領グラント将軍夫妻（明治十三年）、有栖川熾仁親王（ありすかわたるひと）（明治十四年明治天皇御名代）の参観を仰ぐほどの名工場でもあった。しかし、河村家の没落につれて、明治二十三、四年には三井銀行の担保流れとなったので、三井家の所有に帰し、三井はさらに百釜を増設して計三百釜とし、また動力を蒸気と水力との併用に改めた。明治三十五年九月原家の所有に帰してから、生地治（いくじおさむ）を所長とし、次いで四十四年から前田健次、嘉市兄弟に一任した。しかし原料関係などから大正四年二月この工場を閉鎖し、建て物と機械とは原富岡製糸所へ、また敷地内にあった神社や茶室などは横浜三渓園へ、それぞれ移転した（森本宋『原富太郎』、時事通信社、1964年）。

　以上で基調報告とします。

第2章　玉糸製糸の祖小渕しち・前橋・豊橋

手島　仁（前橋市文化スポーツ観光部参事）

馬場　豊（「ひとすじの糸」作者）

宮下孫太朗（「ひとすじの会 会長」）

＊小渕（淵）しちの表記は「小渕」で統一しました。

第1節　豊橋市の製糸技術の受容─製糸のまち豊橋の形成─

手島　仁（前橋市文化スポーツ観光部参事）

1. 日本三大製糸都市

　馬場豊先生、宮下孫太朗会長とお話をする前に、「豊橋市の製糸技術の受容─製糸のまち豊橋の形成─」と題して、報告をさせていただきます。

　参考文献として、『愛知県蚕糸業史』（愛知県蚕糸業振興会、昭和 39 年）、『愛知県史、資料編 29、近代 6 工業 1』（愛知県、平成 16 年）、『豊橋市史　第 3 巻』（豊橋市、昭和 58 年）、『豊橋蚕糸の歩み』（豊橋市教育委員会、昭和 50 年）を使い、文献によって年代が 1 年違っているところがみられましたが、とくに大きな問題はないと思っています。

　大迫輝道先生の研究によると、愛知県豊橋市、長野県岡谷市、群馬県前橋市は日本の三大製糸都市でした。生糸の生産量は、幕末から明治 21 年（1888）までが 1 位群馬県、2 位長野県。明治 22 から明治 44 年（1911）までが 1 位長野県、2 位群馬県で、大正元年から 1 位長野県、2 位愛知県、3 位群馬県の順になります。

　表 1 は大正 5 年の生糸生産量です。長野・愛知・群馬の 3 県で全国の半分近くを占める割合です。この三大生産地には特色があります。長野県は生糸生産の中心は器械生糸で、生産量が愛知・群馬県に比べて突出しているのは、器械化が進んだ結果でした（図 1）。

　逆に群馬県は座繰生糸と玉糸の割合が高く、愛知県は玉糸と器械生糸の割合が高くなっています。残念ながら、群馬県は、大正期以降は長野県にも愛知県にも後れを取ったかっこうになります（表 2・3）。

　昭和 22 年に制定された『上毛かるた』で「繭と生糸は　日本一」と詠まれているため、群馬県は明治時代からずっと、繭と生糸の生産が日本一であると

県名	生産量（貫）
長野	1,341,470
愛知	498,379
群馬	368,763
3 県以外	2,311,238
全国	4,519,850

表 1【生糸生産量】
（大正 5 年農商務省調べ）

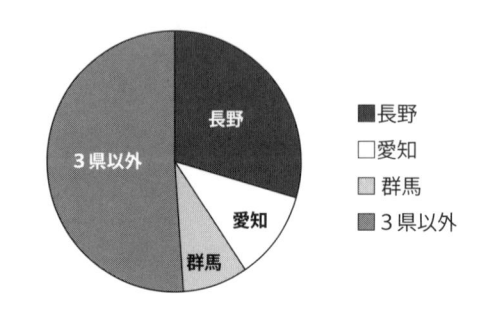

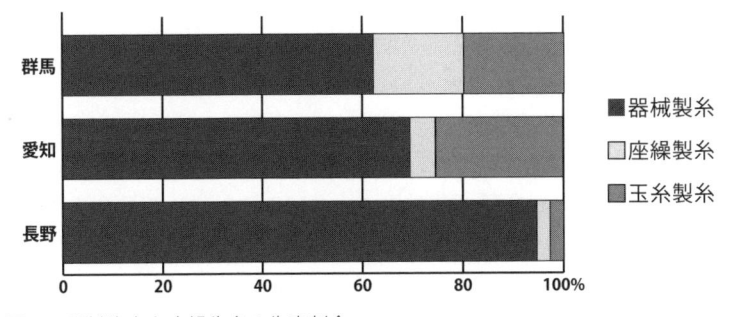

図1 器械生糸と座繰生糸の生産割合

県名	生産量（貫）
長野	1,299,842
愛知	349,343
群馬	213,370

表2【器械生糸生産量】(大正5年)

県名	生産量（貫）
群馬	58,503
愛知	22,461
長野	16,736

表3【座繰生糸生産量】(大正5年)

県名	生産量（貫）
愛知	132,300
群馬	96,890
長野	20,697

表4 玉糸生産量

いうイメージを県民はもっています。現実はそうではありません。群馬県は最大生産地ではなく、蚕糸業の最先端地域ということになります。

2. 蚕都・豊橋の形成

（1）模索時代─茶から繭・生糸へ─

　現在の豊橋市に相当する地域では、明治維新後に静岡県のように茶樹を栽培し、農村経済の振興を図ろうとしましたが、失敗しました。そこで、明治6年には朝倉仁右衛門（上細谷村の大庄屋）が信州（長野県）から桑苗を買い入れ、養蚕を開始しました。

　明治8年、柴田豊水（吉田藩士）らが蚕種製造組合「豊川組」結成し、海外輸出を目指しましたが、うまく行かず翌年同組合を解散しました。幕末から明治初期にかけてわが国の蚕種業は飛躍的な発展を遂げますが、それは幕府が蚕種輸出を解禁した慶応元年（1865）から明治6年までで、この時代が佐波郡島村（伊勢崎市）の蚕種家田島定邦のいう「蚕種家の黄金時代」でした。この間、蚕種は同じ輸出品の生糸より平均価格で二倍以上の騰貴を示しました。同7年

蚕種恐慌ともいえる大暴落が起こり、以後蚕種輸出は衰退していきました（『群馬県通史編8』）。柴田豊水らが蚕種の海外輸出を目指した時期は、「蚕種家の黄金時代」が終焉した時期でした。

　そこで、明治9年、朝倉仁右衛門・柴田豊水らは、福島県二本松製糸所で修業した鈴木田鶴を教婦として招聘し、12名に座繰製糸を伝習させ、同11年50人取り座繰製糸場（関屋町）を開設しました。同10年には、朝倉仁右衛門、柴田豊水ら30余名が蚕糸業に関する組合「赤心組」を結成し、仁右衛門宅で養蚕飼育して、産繭収入を製糸業創立費に積み立てることにしました。

　明治12年、朝倉仁右衛門らは、長野県などの製糸業先進地を視察し座繰器による生産では競争に適わないと、9月に官営富岡製糸所に伝習子女13名を派遣しました。翌13年には前田桂次郎らを二本松製糸、三盛社（三春）へ派遣し、製糸の実務研究をさせました。

　明治12年から器械生糸の技術を導入しようとしたいまの豊橋市に相当する三河地方は、日本で最初の洋式器械製糸の前橋製糸所には伝習に行ったり、教婦を招いたりしていません。速水堅曹が所長となった富岡製糸所や速水が育てた二本松製糸所に出かけています。こうしたことから、藩営前橋製糸所が器械技術伝播の拠点となったのは、開業翌年の明治4年から大分県から小野惟一郎の視察を受けた同12年までの8年間とみてもいいのではないかと思います。

　明治15年富岡製糸所から帰国した伝習生らを中心に、朝倉仁右衛門・前田伝次郎らが主唱して渥美郡細谷村（豊橋市）に50人取りの器械製糸工場（細谷製糸会社）が創業しました。

（2）小渕しちの登場

　豊橋地方ではまさに明治10年代は製糸業の模索時代でした。こうした時代に上州＝群馬県から小渕しちと中島伊勢松（徳次郎）が訳あって伊勢参りの途中、二川町の橋本屋に投宿しました。明治12年6月のことでした。

　しちと伊勢松は「この地方には繭ができるが、製糸家がいないので、繭も安値で売っている」と聞き、習得した技術で座繰生糸をつくろうと、田原方面へ出かけ繭を買い集めました。10月、二川町の有志がしちの繰糸技術を町の産業発展に活用しようと招聘しました。しちと伊勢松は二川町の岡磧司

小渕しち

（医師）宅に蚕室を借り、女工 10 名を雇い座繰製糸を開始しました。

　この地方の繭は上州のより質が悪く、糸がうまく挽けないので工夫すると、玉繭だけの原料からも糸が挽けるようになりました。節の多い特別な糸なので「玉糸」と名付けました。しちは特製の小箒で玉繭から楽に玉糸を挽く方法を発明しました。これが座繰器による玉糸の繰糸法の確立でした。しちは明治 18 年、大岩村に糸徳製糸工場を開業しました（同 30 年二川町に拡張移転）。

（3）玉糸製糸の確立

　明治 21 年大林宇吉が玉糸の大量生産の座繰玉糸製糸工場を開設するに当たり、小渕しちから伝習を受けた工女 6 人を雇いました。同 25 年小渕しちも、この地方に養蚕業が発達し玉繭の供給が安定したので、玉糸製糸に特化しました。

　明治 28 年大林宇吉らが蒸気汽缶（ボイラー）を利用した機械化された玉糸工場を設置しました。しちから繰糸法を学んだ人々が次々に玉糸製糸工場を開設しました。こうして、三河・遠江国境一帯が玉糸工場地帯に発展しました。

　明治 34 年大林宇吉・小渕しちらは三遠玉糸製造同業組合を結成し、翌 35 年から玉糸の海外輸出を開始しました。桜印商標を用いました。同 36 年には豊橋市に事務所を移転し、検査所を開設。商標も「バラ」印としました。

　明治 37 年になると、しちら同業者 4 名が「菊水社」を組織し、原料玉繭・燃料の共同購入、製品の共同出荷など行うようになりました。愛知県はまさに「玉糸王国」となりました。昭和 3 年豊橋市に県立玉糸試験場（蚕業試験場豊橋支場）が設置され、同 6 年同場長・矢部満房が玉糸機動力化研究により動力玉糸機の創製に成功しました。

（4）乾繭取引所

　昭和 9 年には豊橋乾繭市場が開業しました。これが我国初の乾繭取引市場でした。同 12 年豊橋乾繭取引所（商工省指令）が政府から許可を得ました。日本で唯一の乾繭取引所も同 16 年戦争の長期化で蚕糸業統制法の公布により閉鎖されることになりました。

　このようにして、蚕都豊橋は形成されました。図 2（36 頁）のように、器械製糸の技術は富岡と二本松から、玉糸は小渕しちによってということになります。器械製糸技術伝播は、前橋から直接ではありませんが、前橋→二本松→豊橋というふうに描くことが出来ます。

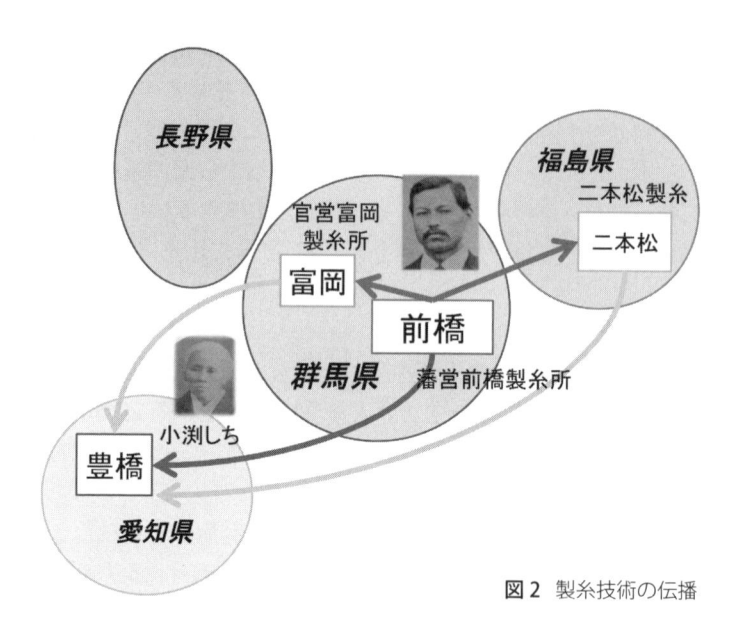

図2 製糸技術の伝播

3. 蚕都・豊橋の戦後

　昭和20年6月19日アメリカ軍の空襲で豊橋市の9割が焼失しました。製糸工場もほとんどが焼失しました。しかし、同23年には三州玉糸生糸協同組合が生産を開始しました。けれども、玉繭不足のため単繭に玉繭を混入し玉糸の味を生かす方法をとりました。製品は好評を博し、アメリカでは婦人服地の「シャンタン織物」が流行したほどです。

　昭和26年になると、豊橋乾繭取引所が再開されました。昭和16年の閉鎖から10年ぶりの再開でした。翌年前橋乾繭取引所開設が前橋市細ヶ沢町66に開設されました。豊橋に次いで日本で2番目でした。乾繭取引所があったのは豊橋と前橋だけです。こうした点にも、豊橋と前橋の共通点があります。

　開所祝賀式の広川弘禅農林大臣の祝辞に次のような文章があります。

　「…前橋市は関東・東北の大養蚕地帯を背景として製糸工場・玉糸工場・座繰工場或いは繭及び生糸問屋多数の蚕糸関係業者が集中し、乾繭の流通量も中西部乾繭の主要集散地である豊橋市と相きっ抗して関東地方最大の集散地であります。…」。

　戦後の製糸業は順調な道のりではありませんでしたが、神戸生糸取引所、横浜生糸取引所、豊橋乾繭取引所、前橋乾繭取引所の関係者が協力し、牽引しま

した。

4. 玉糸製糸の祖・小渕しち

小渕しちの略歴

和暦	西暦	年齢	略歴
弘化 4 年	1847	0 歳	勢多郡石井村に小渕徳衛門の次女として出生
安政 3 年	1856	9 歳	母の指導で繰糸を習い、家計を助ける
文久 2 年	1862	15 歳	前橋細ヶ沢の製糸家蔦屋三次方（蔦屋製糸所）に雇われ 1 年で退社。
文久 4 年	1864	17 歳	結婚
慶応 3 年	1867	20 歳	困難な生活のため 3 年間に 4 度も流産。5 度目に盲目の長女よねを出産。
明治 12 年	1879	32 歳	夫との生活に終止符を打つため、糸繭商の中島伊勢松（徳次郎と改名。41 歳）と出奔。表向きは伊勢参り。途中、二川（愛知県）の橋本屋に泊まる。請われて製糸業に専念。 座繰機 10 台、養蚕農家から工女 10 人選出。
明治 17 年	1884	37 歳	二川地方に伝染病（コレラ）流行し、無戸籍者逮捕。男女工 50 名。 「他県の者の入県禁止、無戸籍の居住を禁止」 「大岩寺の和尚にすべてを話し、いつわりの戸籍をつくり役場に提出。それが発覚」「戸籍法違反で徳次郎は懲役 7 年、大岩寺の住職は懲役 5 年、しちは 7 ヶ月。徳次郎は一切自分の責任としちをかばった」
明治 19 年	1886	39 歳	大岩寺の和尚が皮膚病で獄死、夫・徳次郎も断食し、岡崎監獄で死去。
明治 25 年	1892	45 歳	玉糸専業になる。玉糸の創始者。ほかの製糸工場と競争をする必要がなくなる。「節織物」として海外にまで輸出。
明治 30 年	1897	50 歳	工場移転し、敷地 200 余坪。「糸徳製糸」と赤レンガの煙突に刻む。
明治 37 年	1904	57 歳	釜数 100
明治 40 年	1907	60 歳	釜数 150
明治 41 年	1908	61 歳	釜数 216
明治 44 年	1911	64 歳	名古屋に行幸した明治天皇に輸出玉糸献上
大正 2 年	1913	66 歳	陸軍特別大演習で大正天皇に単独拝謁。女性初。
大正 7 年	1918	71 歳	第二工場を二川駅前に開業
大正 14 年	1925	78 歳	第三工場を豊橋市東田町に開業
大正 15 年	1926	79 歳	工場の総釜数 878　男工 100 人、女工 1,000 人
昭和 4 年	1929	82 歳	満面の笑みをたたえ死去
昭和 5 年	1930	-	三遠玉糸製造同業組合により、銅像が建立（戦時中供出）。
昭和 61 年	1986	-	旧従業員の手で、銅像再建。

小淵しちは豊橋市では「玉糸製糸の祖」として顕彰されています。まず、略年表によって、その生涯を示すと、次のようになります。

　しちは、一生無学でした。計算も相手任せ。しかし、人をだまさない。人に損をかけない。親切で、女工1000人を抱える製糸工場を経営するまでになりました。大正2年には女性で初めて大正天皇に拝謁するまでになりました。

　しちの史跡を訪ねてみました。

昭和61年に再建された小淵しち像

■岩屋緑地に立つ小淵しち銅像

　しちが亡くなった翌年の1930年（昭和5）に建立されましたが、戦争で供出。その後、昭和61年に旧従業員らが再建しました。

しち没後の翌年に建てられた小淵しち像（戦争により供出）

■小淵しち墓

　小淵しちは1929年（昭和4年）に亡くなり、二川町の大岩寺の墓地に眠っています。戒名は、「繁公妙榮大姉」。

■糸徳製糸場跡地

　1885年（明治18）、小淵しちが二川町の隣村大岩村にひらいた製糸場は、徳次郎の名にちなんで「糸徳製糸」と名付けられました。その後、事業拡大により3つ工場が増設されましたが、昭和32年に廃業。工場

しちが眠る墓（右）

のうち1つの跡地は、現在二川地区市民館（公民館）となり、豊橋市教育委員会により碑が建立されています。

■大岩寺

　大岩寺は、小淵しちと中島伊勢松を助けた二村洞恩が住職をしていた寺。二村住職は、寺子屋を開き、地元の子どもたちに手習いを教えていた。二村住職は、しちと伊勢松を助けるために戸籍を偽造。それにより、逮捕、刑を受け獄中で

病死。1924年（昭和4）3月16日、小渕しちが亡くなると、当時の大岩寺住職鈴木關道が著作者となり、しちの評伝『亡き祖母のかたみ』（発行人・小渕義一、発行所・糸徳製糸場）を、同年5月3日に発行した。同書は小渕しち研究の根本資料となった。2009年（平成21）は「玉糸製糸の創始者として蚕都豊橋の礎を築いた先覚者の一人"小渕しち"の没後80年」にあたった。そこで、『亡き祖母のかたみ』（昭和4年）が、図書館などでしか見ることができなくなってきた現状を憂え、1932年（昭和7）に著述された「小渕しち」を収録し、小渕益男氏と大岩寺住職鈴木眞哉氏が、同書を復刻された。

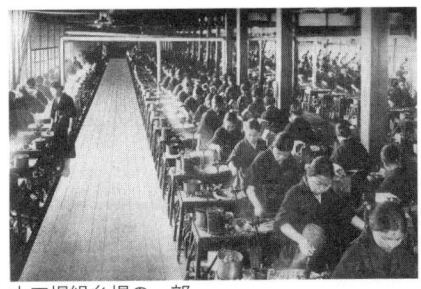

本工場繰糸場の一部

第三工場全景

二川地区市民館にある糸徳製糸場跡の碑

二村洞恩の墓（右から2番目）

第2節　記念トーク「小渕しちを介した前橋と豊橋の交流」

馬場　豊（「ひとすじの糸」脚本家）
宮下孫太朗（ひとすじの会 会長）
手島　仁（前橋市文化スポーツ観光部参事）

記念トーク（群馬会館ホール）

小渕しちを演劇にした理由

手島　小渕しちの生涯を市民劇にした「ひとすじの糸」脚本をお書きになった馬場豊先生に、どのような思いでこの脚本をお書きになったかということをお聞きしたいと思います。

馬場　台本を書きました馬場です。よろしくお願いします。2007 年頃、今から 9 年ほど前にこの台本を書きました。小渕しちのことを知ったのはそれよりも 1 年以上前です。当時はそんなに生糸のことを話題にするとか、豊橋の先人としてこういう女性がいるということが、普段当たり前のように語られるという風潮ではなかったんです。

　きっかけは今のお話にもあったように、書籍『ひとすじの糸』（2014 年刊）の巻末に載っています写真、大正天皇と拝謁した関係者の記念写真「恩光会会員記念撮影」（大正 2 年 12 月）があります（41 頁）。その大きな写真を案内してくださった方に紹介されました。ある意味で、比べる基準といったら変な言い方ですけれども、豊田佐吉が隣にいるというそういう席に座る位置を占めたこの女性は、どういう働きをしたのだろうなというのがまず大変興味をもったきっかけです。しかもその写真には出席者の名前が全て載っていまして、出席者の、三河、名古屋、尾張の今日もなお続く大企業の創始者あるいは数代目ぐ

産業功労者として　大正天皇拝謁記念写真（大正２年　於　名古屋離宮）
（しちは一列目右から２番目。しちの右隣は豊田佐吉）

らいの有名な方々が軒並みに並んでいたんです。それを見て、それを物差しに
してみるような思いでみますと、どうしてここで産業功労者として大正天皇自
らが表彰するに至ったのかと、それはもう調べてみたいという気持ちが当然わ
きました。

　しかも、隣に豊田佐吉がいるということから、私たち名古屋・三河の者にとっ
ては豊田佐吉といえば、すぐ隣の静岡県県境の辺りで生まれた方ですし、いろ
いろ調べていくと若い頃はちょっと変人と言われてですね、そして、発明だと
か研究だとか設計図を描くという、そういった伝記めいたことは読んでいたん
です。そういう人と横に並ぶということの意味を考えてみたいな、というのが
きっかけでした。

　皆さん、「おしん」というＮＨＫの長く続いたドラマをご存知かと思いますが、
わたしはあの頃学生でしたので、時々観ていました。大変よくできたドラマで、
明治以降の女性がたどった苦労とか社会的な位置付けなんかが、あらゆる面か
らふんだんに盛り込んでありまして、まるでおしんをみるような思いで調べて
いくような、そういう重なり方をしたわけなんです。ただし、資料があまりあ
りませんでした。いま大変詳細な資料を手島さんが作ってくださっております
けれども、それにしろ当時のいろいろな郷土史研究家が作ったものを、私もやっ
と紐解くということが、自分からできる最初の作業でしたね。

　そして小渕しち自身はどうなのかというと、本人は一冊ももちろん本は書い

ておりません。写真も4〜5枚しか残っておりませんが、その本人が語ったことの伝聞情報のようなものは、昭和4年に亡くなってから、そこの会社の糸徳製糸の従業員だとか、しちを知る方たちが彼女の功績をたたえた文章をまとめたもので『亡き祖母のかたみ』という本がありますけれども、これはしちを扱った本なんですよね。「祖母」の意味は、従業員たちから、「おばあさん、おばあさん」と言われて慕われていたことの意味合いも含めて『亡き祖母のかたみ』というタイトルで立派な本ができたんです。これは私の作品が名古屋で最初上演（2009年6月）された後（同年10月）に復刻されていますけれども、もう部数はほとんど残っていません。また、初版本は古本屋で見つけることができました。私は2冊しか見つけていませんけれども、なかなか出てこないんじゃないかなと思います。

　それですね、当然ドラマですので、彼女のことを主人公にしてどういうドラマを書くのかということでは、大変思い悩みました。よく分からない人だからといって、いい加減な想像を加えることはできないので、とにかく当たれるだけの本は当たって、生糸の歴史とからめて彼女のたどった人生はおそらくこういう人生であったのではなかろうかと。気持ちとしてはいわゆる美しい話、美談にするつもりもありませんでした。苦労に苦労を重ねて恐らく女性としては稀有な人生を送った明治の方ではないかなと思いました。それをなるべくいろんな角度から光を当て、特に彼女を支えた近隣の人たち、従業員も含めて彼女はどのように糸や、その糸の産業に群がる人たちと付き合っていったのかという人間ドラマを書けたらいいなという思いがありました。大変な人生を送った方なので、そういう材料は事欠かないといったら変な言い方ですけれども、逆に書くものとしては、こんなに魅力のある女性はなかなかいないんじゃないかと思うくらい、この場面にはこのせりふを使いたいな、とか、この場面の次の場面は急転直下、こんな場面をつくりたいな、とかですね。そういうのが泉のように浮かびまして、頭で考えるというよりも筆が自然に動いていくような感じで書いたことを覚えております。

　ただ私は劇団員でもなんでもありませんので、上演する予定もありませんでした。だから気持ちとしては、とりあえず台本の形ででも留めたいと思ったのはただ単に自分が芝居好きだということからです。台詞だけで語ってもそれはドラマができるはずだし、台詞だけのドラマが残って本にするということも良いのではないかと思いまして、とりあえず書くだけは書いたんですね。そして最初に上演されたのが2009年でした。そして2011年にこちらの前橋市内の

群馬県生涯学習センターでしたか、その多目的ホールというところで朗読劇として上演することができました。それでいったん終わりかに見えたんですけれども、今度はやはり本に残して活字として残しておきたい気持ちが起きまして、そしてそれを残せば、何かが始まると思って、2014年に書籍にしました。

　それがきっかけとなり、「ひとすじの会」が宮下孫太朗会長さんが中心となってできまして、こんなに早く今年の3月に豊橋で上演することができるに至ったということは、もう本当にうれしいことですし、ありがたく思っております。そしてまた、こういう場にお呼びいただきまして、皆さんにご挨拶ができることも大変感激しておるんですけれど、作者としては本当に書いてよかったなと、そしてこれをもっともっといろいろな形で伝えていくようなきっかけにしたいなと思っております。本日は本当にありがとうございます。

手島　ありがとうございました。そして宮下さんが会長になられて、「ひとすじの会」を作られた。その経緯や思いを紹介していただきたいと思います。

宮下　今日はお招きいただきまして、ありがとうございます。私は産まれたところが長野県下伊那郡天龍村というところで、すごい山奥なんですね。海抜でいうと、850メートルくらい。その中で僕の親父が、皆さんご存知かと思いますけれども、繭の幼虫を育ててですね、集落に配ってそれで繭を作ってもらって、それをまた回収して、業者に渡すという仕事をしていまして。その頃子どもの小さいときで、うちは親父が非常にうるさくて。当時だと桑の枝を切りますよね、切って蚕に、「お蚕様」と言っていましたけれども、桑の先端を食べて、おなか一杯になると糸を出すわけですけれど、うちは葉っぱをいわゆる籠付けてここに刃がついているやつで、一枚一枚綺麗な葉っぱだけを取って入れる、そんなことも手伝って。それでですね、僕はそこに小渕しちさんとつながっていくのですけれども、その時にちょうど今日繭のコサージュを付けさせてもらいましたけれども、この2匹が作った繭がですね、僕らが子どもの頃には安く業者が買ってくれていました。もちろん1匹の繭の方が良い値がついたわけですけれども、うちはまだそういう特別な繭をつくるという形でまた集落に指導しながら、できるだけいい繭を作って、業者に買ってもらう。そういうことの中で、僕は子ども心に覚えていたのは、2匹が作るわけだから、糸は倍取れますよね。素人考えで1500メートルならば3000メートルとれるわけだから、それがなぜ安いのか、それを子ども心に僕は業者に聞いたことがあります。そ

れこそ馬場先生が脚本にしていただいた本を読んでいる中で、今日、これから出版の社長さんもお見えですけれども、この出版の本を僕が見て、その時にいわゆる繭ですね、2匹が作った繭から糸をとる技術を5年以上かけて小渕しちさんがやって、それまではくず繭で捨てていたやつを、いわゆる今でいうリサイクルですよね、このことをあの当時やっていたということで、余計興味を持ったんだと。あの脚本を読むうちにすごい臭いを感じたんですね。当時の繭の臭いっていうか、それと夜中に桑を食べるこだまする音、ミシミシミシミシいう、非常に懐かしさと臭いを感じて、そんな中で脚本になっているから、これは役者を集めればすぐ芝居になると、単純な発想ですよ。

　それと当時二川（ふたがわ）の若い人たちに話を聞いても、小渕しちさんの銅像どこにあるか知りませんよ、というようなそういう状態で、豊橋市民の人たちも、本当に小渕しちさんがそれだけの功績を残したことが、全然行き渡っていないということがあるというのをあまり気がついていなかったわけです。そういった意味では、これはやっぱり豊橋市をもっと全国に発信するのと、もうひとつは今までの郷土を作ってきた人たちですね、そのキーポイントになる人たちを芝居にして、感動していただいて、次の時代に残していくということをやらないと、豊橋は日本のど真ん中ですけれども、何にも無い街だってよく言われますけれども、いっぱいあるわけです。

　だから、そういったものをできるだけこういう芝居にしたり、皆さんに観ていただいたり、新幹線でも中心にきていただけるわけだから、できるだけ、もちろん豊橋市民に知っていただく、また、全国、全世界から来ていただいて芝居を見ていただいて、豊橋ここにあり、というところを分かっていただきたい、というのが、当時小渕しちさんに地域おこししていただいたような形で、我々の手で別の形での地域おこしになればいいのかなと

馬場　豊氏（左）　宮下孫太朗氏（右）

いうような気持ちで。そうやって一昨年、出版記念ですかね、政財界から130人くらい来て頂いて、その時にこんな話をさせていただきました。ぜひ良いことなので、やりましょうということで、本当にあれよあれよという間に皆さんの、いろんな人たちの協力のもとに、今年の3月12〜13日ですかね、前橋からも80名近い皆さんがお見えになって観て頂きました。また、その中でお互いに懇親も深められて、といった意味では本当に前橋の皆様にはいろいろな形で厚く御礼を申し上げたいと思います。そんな形ですけれども、よろしくお願い致します。

日本を代表する製糸都市であった前橋市と豊橋市の交流

手島 ありがとうございました。最後に「小渕しち・生糸・玉糸」というものを介して、豊橋市と前橋市はこれから本格的に交流をしたいと考えておるわけですけれども、馬場先生、宮下さんにそのお考えを聞かせていただきたいと思っております。

馬場 明治12年に豊橋が糸の技術を学びたいということで、伝習生が13人東海道を後にしたという記録が残っておりますけれども、しちが最初二川に来たのもその同じ年なんですね。つまり、技術を学ぼうとする集団が勉強にこちらにやってきた、その同じ年に歴史の歯車の面白さといいますか、別の事情をもって彼女は新しい天地を求めてやってきた。そういう重なり合いの奇妙さを思うと本当に不思議だなと思います。

　そして、2年前に富岡製糸場が世界文化遺産に指定され、話題となって、そしてこの劇がちょうどその同じひと月も経たない前後で本として出版されて、そして上演が今年叶って、前橋からバスでわざわざ観に来ていただいて、そして今日は私たちがこうしてお邪魔するということで、本当に何だか行ったり来たりの、時代の趨勢は違いますけれども、そういうことが重なって不思議な形で、いろいろなところから思わぬきっかけで、つながりが生まれつつあるなと思うんです。

　ひとつだけ最後に申し上げますと、今、宮下会長の方が繭の文化や生糸のことを詳しくおっしゃいましたけれども、昔はまさに生活に根付いていたものだと思うんですね。ある意味でひとつの文化だと思うんです。こういう文化を語

り継いでいくということは、高齢者の世代でいうと、ほとんど最後に当たるのかと。だからこういうことを掘り起こしていって家族に伝えて、こんな風におばあちゃんは昔苦労してきたんだよとか、お父さんはそれを手伝ったことがあるよとかですね、そういうことが茶の間でも伝えられて、そして2つの町が市が、このつながりを持っていくということは、何か新しい形での若い人への伝授と言いますか、バトンを渡すというようになっていくのではないかなと思います。

　そういう位置付けとしても非常に面白いことだと思いますので、また何らかの形で皆さんが広めていってくださると、私もやれる範囲でご協力できたらと思います。以上です。

手島　ありがとうございます。宮下さんお願いします。

宮下　糸そのものというのは、日本の近代産業の一番のもとだと思います。この糸で本当に小渕しちさんのことをやりだして、豊橋でいろいろな人に向こうから声をかけられて、いろんな人から手助けしていただきました。ましてや、その人のお父さんが糸徳製糸の工場長で、昔の名刺を持ってきていただいてですね、それこそチケットを30枚ほしいと、これは親父の仏壇に上げますから、と言ってくれました。

　また小渕しちさんの一番弟子に育った人がおばあちゃんという方だったり、話していくと全部繋がっていくようなことで、先ほども言ったように、僕は、糸は一番の柱ですから、何もかも繋がっていくようなネットワークができるような気がします。ですから、こういった意味でいろいろな広がりが出てくるのではないかなという、自分なりにも期待しております。以上です。

手島　まだまだお話を伺いたいところですが、これで記念トークを終わらせていただきます。最後に、小渕しちにつきましては前橋学ブックレット第9号で、本日に合わせて古屋祥子先生に本を書いていただいて、販売しておりますので、ご関心のある方はぜひお手にとって、ご覧いただければと思っております。

　ありがとうございました。

第3章　シンポジウム
藩営前橋製糸所の伝播地－熊本・山鹿・宇都宮－

[パネリスト]

中嶋憲正氏（熊本県山鹿市長）

今井正則氏（大野浪 子孫）

菊池芳夫氏（石井河岸菊池記念歴史館館長）

茂原璋男氏（日本絹の里館長、前群馬県副知事）

[コーディネーター]

速水美智子氏（速水堅曹研究会）

手島仁（前橋市文化スポーツ観光部参事）

〈長野濬平と大野浪について〉

手島　このシンポジウムでは、①藩営前橋製糸所に熊本県から伝習にやって来た長野濬平と前橋から熊本県に派遣された大野浪。それから②藩営前橋製糸所をモデルに栃木県宇都宮に開業した大嶹商舎のふたつに焦点を当てたいと思います。

ご覧いただきました映像「長野濬平〜近代養蚕業の開祖〜」は、DVDとして中嶋市長さんから、私どもの山本市長へお贈りいただいたものです。このドキュメンタリードラマの主人公の長野濬平について、中嶋市長さん、どのような人物か、教えていただけますでしょうか。

中嶋　皆さんこんにちは。ただいまご紹介いただきました、熊本県山鹿市の市長の中嶋でございます。

長野濬平 DVD

今回このような素晴らしいシルクサミットにご案内をいただきまして大変ありがたく思っております。そして、ひとつだけまずもってお礼を申し上げ、伝えたいと思いますけれども、4月に発生いたしました熊本地震に際しましては、いち早く山本市長さんはじめ、前橋市の皆さん方から温かい励まし、そしてまた、力強いご支援を賜りまして、本当にうれしく思いました。ありがとうございました。今、被災地は大変厳しい状況にございますけれども、県民一丸となって、一日も早い復旧復興に邁進したい、そういった思いで頑張っております。今後とも、よろしくお願い致します。ありがとうございました。

長野濬平先生につきましては、私たちが山鹿市の郷土の偉人として大変尊敬を致しておるものでございます。こういったドキュメンタリードラマを作りましたのも、そういった思いの結集であるわけでございます。ドキュメンタリードラマにもございましたように、長野濬平先生は横井小楠先生に学ばれております。横井小楠先生は、実学、実際の生活に役に立つ学問ということでございまして、そういった気持ちの中で養蚕業にタッチされておられるわけでございます。わずか24歳で「養蚕富国論」というすばらしい思いや方向性を示されております。

山鹿市中嶋市長

ふたつ、長野濬平先生をご紹介しますならば、ひとつはやはり地域や日本の国、そういったものを豊かにする、幸せにする、そういった大きな大義、志、そういったものに向かって邁進された、そのことが大きな特徴かな、という思いが致します。ふたつには、大変な困難を乗り越えて思いを達成されたということでございます。先ほどのDVDにもございましたように、大事な同じ志を一緒にする親蔵（しんぞう）という娘婿さん、一生懸命に共に歩まれておりましたけれども、不慮の事故で亡くなられました。本当に大変な苦しみであったかなと思いますし、その後についても、養蚕所の火災、あるいはまた、西南戦争での工場の疲弊、さらには経営が悪化して工場を閉鎖される、倒産する、そういったたくさんの困難があったわけでございますけれども、最初の志を決して忘れることなく、決してあきらめない、そういった精神の中で日本一の素晴らしい生糸を生産され、そして、輸出につなげられた、そして本当に昨日拝見しました小渕しちさんのように、困難の中から目的を達成されていますけれども、養蚕業を立派に振興されたということが、長野濬平先生の大きな特徴かな、とそういった思いを致しております。以上でございます。

手島　ありがとうございました。先ほどの私の基調報告で紹介しましたが、長野濬平は2度、前橋に勉強にやって来るほどの熱心さでした。そこで、速水堅曹は藩営前橋製糸所の工女の1人・大野浪を長野濬平に同行させました。

　大野浪は、いまではその存在が忘れられています。この女性をぜひ、世に出したいという思いで、調査をしました。速水さん、手掛かりがなく苦労しましたね。

速水　大野浪さんのことは、速水堅曹の日記に明治5年の10月に長野濬平夫婦と一緒に熊本のほうに遣わせたという記録がきちんと残っていまして、私も非常に気になっておりました。たびたび山鹿市や熊本市に行ったときに、長野濬平さんのご子孫の方にお聞きしたりはしていたのですが、全く今どのような方がご子孫なのか、分からなかったんですね。それで、昨年2015年6月に前橋市の調査として山鹿市を訪問させていただいて、まず中嶋市長さんと社会教育課の皆さんとお会いし、最初に大野浪さんのご子孫を探してほしいとご依頼をいたしました。大変難しいことだったと思います。しかし、市役所の方たちに大変ご尽力をいただきまして、半年ほど経ちますと、山鹿市に今も残っております豊前街道沿いにある「光専寺」という古いお寺に浪さんのお墓がありましたというご報告を受けました。今井家、結婚した相手の方が今井喜源太（きげんた）さん

というのですが、今井家のご子孫の今井正則さん、今日いらっしゃっていただいておりますが、その方も探してくださったということで、ご報告をいただきました。本当にうれしかったです。

　早速その報告を受けて、私どもは、今年の3月の末に再度熊本を訪問させていただきました。ちょうど熊本大地震の12日ほど前でしたので、今思えば、あの時に行けて良かったな、と思っております。初日に正則様にお会いいたしまして、今井家というのは大変由緒のあるお家で、立派な家系図がありまして、それを見せていただきながらいろいろとお話を伺いました。

　ただ、大野浪さんが結婚された喜源太さんという方は、次男で分家をされていたんですね。すると、分家されたというところまでしか分からなくて、あとはまたその家系図にはなかった、ということで、ちょっとまた子孫の方が分からない。ただし、翌日には正則さんのご案内で、光専寺にある浪さんのお墓参りをすることができました。本当に感動いたしまして、「やっと会えましたね、前橋からやってまいりました。あなたを指導した速水堅曹の子孫です」とご挨拶をさせていただきました。ただ、そのお墓があります光専寺も、菩提寺ではなかったん

浄正寺

ですね。それで、ご住職にお伺いしても、このお墓のご子孫のことはちょっとわからない。じゃあ、菩提寺はどこなのでしょうか、ということで、同じ市内なのですけれども、「浄正寺」というお寺がありまして、そこだということで、また今井さんに教えていただきまして、そのお寺まで行ってまいりました。そうしましたところ、浄正寺でも現在はあまり今井喜源太家の方たちとは疎遠になっていて、ご子孫がどこにいらっしゃるかも何も分からないんですよ、というお話だったのです。

　でも、ここで引き下がっていてはいられないという思いがありまして、住職に「過去帳はないんですか」とお尋ねしました。そう致しますと、明治時代のものですので、100年以上経って、戦争もあったり、消失したり、全部は揃っていないんですよ、というふうに非常に渋られたんですね。でも、明治33年のだけで結構です、と、お墓には年代が書いてありましたので、明治33年のだけが知りたいんですと頼み込みまして、お寺の古い過去帳を探していただきました。そうしましたら、浪さんの過去帳、亡くなった時の記録が出てまいり

ました。先ほどの報告書の最後に過去帳の写真がございましたが、それを見せていただいて、「今井喜源太妻四十七才」という記録でございました。そこに「明鏡院妙誕」という戒名が付いてございました。「明鏡」というのは、「明るい鏡」と書くのですね。院号が付いているということだけでも立派な生涯だったのかな、と。それで、「明鏡」というのは、「曇りのない鏡」という意味なんですね。それは、どういうことかと調べますと、するどい洞察力があったり、頭脳明晰なこと、賢いという意味を表す、と。その戒名をみたときに私は浪さんがどんな方だったのか感じることができました。

手島 ようやく巡り会えた大野浪の御子孫である今井さん。ご先祖にこのような方がおられたことを、どのように思われますか。

今井 このたびは、富岡製糸場が世界遺産に登録され、本当におめでとうございます。ただいまご紹介いただきました、藩営前橋製糸所出身の工女大野浪に関する今井家子孫の、熊本市花園、今井正則と申します。皆さんよろしくお願い致します。このシルクサミットの招待を受けたものの、こんなに功績のあるご先祖があることも知らず、先代からの言い伝えないままおりました。前橋市よりサミットの招待をいただき、このような会場への参加ができましたことをうれしく思い、また、従兄弟たちも

今井正則氏さん

数名参加させていただいております。4月14、16日の、余震、本震と熊本地震ではマグニチュード7強が到来して、益城とか南阿蘇は被害は大きく、また、観光名所の熊本城の大天守と石垣、瓦と、見るに痛ましい姿に変わり果て、また、水前寺公園の水も一時は枯れ果てた状態で、今は復元しております。日本はもとより、世界各地よりご支援をいただき、復興へ努力されておりますが、10年、いや、20年、30年はかかるでしょう。8月25日で2000回を超える地震が起きております。また、私たちが出てくる前も余震がありました。未だに余震が続いていますので、気がかりです。その節は、手島さんのほうからお見舞いをいただきありがとうございました。「がんばるもん、熊本」の合言葉で、頑張っております。
　長野家と今井家の家系図を調べて分かったことが、第6代今井喜次郎安平（きじろうやすべい）の次女・佐賀（さが）さんが、長野濬平さんのお父さんに当たる、集（あつむ）さんの奥様であることが判明しました。それから、長野濬平さんの弟である、謙三郎（けんざぶろう）さんの奥様に、

第7代今井喜三郎恒平の長女・満寿さんが嫁がれているということが判明。長野家との血縁がこんなにあったのか、と知ることができました。これもまたサミットのお陰で、今後、今井家に伝えていきたいと考えております。

　それから、大野浪は藩営前橋製糸所で座繰り製糸、器械製糸の技術を習得して、長野濬平に同伴、18歳で郷里をあとに熊本へ来たわけでございます。これは、さきほども速水さんのほうから説明がありましたとおりでございます。座繰り製糸及び器械製糸の指導にあたっております。明治14年、山鹿小原村に転居、養蚕室を新築して、養蚕・製糸の業務についております。それから、今井喜源太も、さきほど説明がありましたとおり、第7代今井喜三郎恒平の次男として弘化2年（1845）に生まれ、満寿の弟となり、長野濬平さんとは従兄弟に当たります。喜源太は教育界の経歴がありながら、突然明治3年（1870）、当時26歳で関東地方の先進地を見学して、養蚕業の世界へと入ったわけですが、わずか4年で30歳でまた教育界に復帰しております。大野浪と結婚後は、三男三女をもうけました。長男・清男、次男・鉄男、長女・イト、三男・勉三、次女・キヌ、三女・ラク。長女はイト、次女はキヌ、三女はラクと絹糸から名前をとる程に命を懸けていたことがうかがえます。喜源太は48歳で山鹿町の助役に就任しますが、2ヵ月後、病気によって、助役を辞退して、その後の生活は不明になっております。

　それから、山鹿市の光専寺の墓石（本書28頁）には、建立者の孫の睦男と記されていますが、ここでは喜源太、浪、清男、勉三、その妻菊枝まで墓石には記入されております。近年お墓参りがされているか定かではありません。浪さんについては、喜源太より先に亡くなっているのに、この墓石には喜源太の後に記されております。没年も明治13年と記されていますが、33年の間違いで過去帳の方が正しいです。勉三と妻・菊枝の間には、この建立者ですけれども、長男の睦男、長女の禮子は大塚家へと嫁いで、住所は山鹿市の小原となっております。私の父の住所録に睦男は北九州に住まいがありましたので、電話を入れてみましたが、連絡は取れておりません。

　浪と喜源太の子、勉三、そしてその息子睦男、禮子までの系図は判明しましたが、本来ならば、浪の直系である者がここに立つべきでありますが、睦男以後については、全く消息が取れておらず、やむなく私が代役を務めている次第です。

　長野濬平、関吉（三男）の親子によって、合資会社熊本製糸が設立され、熊本を代表する製糸会社として発展して行くことになります。熊本でも、集まるサミット、お蚕ファーム、また、山鹿の三岳の山には、1万本の桑畑が広がり、

ただ今進行中です。大きな製糸場はなくなりましたが、長野家と浪の紡いだ糸
は、いまだに熊本でも生き続けております。ご清聴ありがとうございました。

　[追記] シンポジウムのあと、従兄弟の村本宗和と調査を続け、消息が判明しま
した。2016 年 11 月 1 日、喜源太・浪から数えて三代目に当たる中尾充江子さん（ミ
エコ・山鹿市久原在住）とお会い出来ました。また、この日は手島氏も再度の調
査で山鹿へ来られていたのでご紹介する機会を得ることが出来ました。まさに「ひ
とすじの糸」が導いてくれた運命を感じています。

速水　ありがとうございました。私たちが伺った後も、たくさん調べていただ
いて、発表していただきました。明治 10 年になりますと、西南戦争が九州で
勃発いたしまして、明治 8 年に長野濬平らが創立し、大野浪が指導に当たりま
した緑川製糸所はすごく大きな被害を受けるんですね。その大野浪と結婚する
今井喜源太の履歴書を調べましたところ、西南戦争で戦ったことが書かれてお
りました。緑川製糸所を守るために、戦ったものであることが分かりました。

〈西南戦争と緑川製糸所、大島梨〉

手島　西南戦争当時の群馬県は、県令が楫取素彦、大書記官が岸良俊介です。
県令、現在の知事の楫取が長州、大書記官、現在でいうと副知事の岸良は薩
摩出身です。薩摩出身の岸良が中心となって県庁職員から募金をして、大島梨
300 箱を買って、戦地である熊本に送り傷病兵を見舞いました。そこで、パネ
リストのみなさんと速水さんには、大島梨を召し上がっていただきます。

　梨は今が旬ですが、西南戦争に贈ったのは、5 月ごろで貯蔵梨でした。今井
喜源太・浪夫妻や今井正則さんのご先祖が眠る墓地のある山鹿市の光専寺は、
西南戦争のときに野戦病院になりました。光専寺を訪問したときに、ご住職が
西南戦争のことを昨日の事のように熱く語っておられました。大島梨は野戦病
院となった光専寺の傷病兵に届けられたかもしれません。大島梨は江戸時代か
らの名物です。こういう美味しい梨が前橋にあることを、帰られましたら熊本
のみなさんにご紹介願います。お味はいかがでしょうか。

中嶋　とってもさくさくして、甘くて本当においしいです。先日山本市長さん
からもたくさん届けていただきまして、みんなでいただいたところでございま
す。西南戦争のとき光専寺は野戦病院的な役割を果たしたところでございます

けれども、傷ついた傷病兵の方々が、おいしい、そして温かい心のこもった大島梨を食べながら本当に心が癒されたんじゃないかな、と大島梨をいただきながらそう感じたところでございます。本当にありがとうございました。

〈山鹿市の養蚕日本一プロジェクト〉

速水　では、中嶋市長さんにひとつお伺いしたいのですけれども、さきほど今井さんのお話にも少し出ましたけれども、現在山鹿市では、養蚕業を復活させて、日本一を目指そうという活動が始まっているとお聞きしております。そのことについて、一言。

中嶋　はい、さきほど今井さんからもご紹介がありましたけれども、いま山鹿市では、新しい地方創生の大きなプロジェクトとして新・養蚕産業の

速水美智子さん

事業を展開しておるところでございます。これは、これまでの養蚕は、年に3回程度の飼育であったわけでございます。大変な労力を必要といたしますし、私たちの地域でも、ほとんど農家は養蚕をしておったわけです。そしてまた、日本の国を富ませる、豊かにする大きな産業であったわけですけれども、時代の変遷とともに本当に衰退をいたしておりまして、県下でも5戸、山鹿市でも、2戸の養蚕の農家が残っているだけでございます。大変寂しい思いをしておるところでございますけれども、そういった中で、京都の工芸繊維大学の松原教授が開発されました「周年無菌養蚕システム」というのがございます。松原先生は、熊本県の天草出身でございまして、もう既にそういったシステムの小さい形での取り組みは実験的になされておりますけれども、それを恒常的に大々的に企業的にやろうというそういったプロジェクトがいま始まっておるところでございます。

　これは、一口に言いますと、マイナスをプラスにする事業と私はそういったふうにとらえています。養蚕は大変国を富ませた事業でありますけれども、先ほど言いましたように衰退している。しかしながら、この素晴らしい高品質の絹というのは非常に世界的にも求められています。かつ、またその用途は非常に多岐にわたっています。人工皮膚や医薬品等々にも活用できる大きな可能性

を秘めているところでございます。そういった形で、プラスとして今から芽生えていくそういったものである。そしてまた、ふたつにはこの蚕の飼育には、桑園、農地が必要でありますけれども、この農地につきましては、西岳の頂上にありました約 25 ヘクタールのこれまでの耕作放棄地、遊休農地、そういったものをあてる。かえって山の頂上にあることが、色々な農薬等がかからないということで、非常に適地であるということで、その不耕作地、放棄地を活用するといったことがプラス。3 点目は、生産システムの工場でありますけれども、これは現在取り組んでおります、小学校の統廃合、それで廃校になった広見小学校というその校舎や校庭を全面に使って、40 メートルから 90 メートルの大きな無菌の工場をそこに建てる、と。既に建設が始まっているということですけれども、そういった事業を展開する、このことは、先ほどのお話の中で、私たちの熊本、山鹿市等々の養蚕業はまさに、前橋の皆さんの大変なご苦労、そしてまたその技術の習得によってなされてきた。そして、それが衰退したけれども、今またその再生をはかる、復活をはかるとそういった時を迎えていることでございます。

　山鹿市としましても、大変に期待と熱意をもって取り組んでおるところでございますけれども、先般この事業に携わっていただくある方がお見えになりまして、「これはただ山鹿の養蚕を応援する、そういったことではないですよ」という話をされました。この養蚕、そしてこのシルクによって世界を幸せにする、そういった大きな志、そういったもののためにやりたい、皆さんと一緒にやりたい、という力強いお話をいただきまして、大変感動いたしました。そういった取り組みがまさに私たちの大先輩でございます前橋市の皆さん方とも連携を図っていきながら、この養蚕・シルクを世界に発信していきたい、そういった思いの中で取り組んでおるところでございます。

手島　ありがとうございました。茂原館長、『上毛かるた』で「繭と生糸は　日本一」と詠まれている群馬県として、山鹿市の取り組みをどのように思われますか。

茂原　今日熊本県からたくさんおいでいただいております。中には、直接熊本地震の被害を受けた方もおられるかと思います。最初に、皆さま方に心からお見舞いを申し上げたいと思います。ただいま中嶋市長さんの話を大変興味深く伺いました。私も群馬県蚕糸振興協会という

茂原璋男さん

ところの理事長をやっておりまして、蚕糸を振興するという面から、新しい養蚕に道を開くのではないかと期待を持って聞かせていただいたわけであります。

　群馬県内では2年前に富岡製糸場と絹産業遺産群が世界遺産に登録されたのであります。ご存知のとおりでありますけれども、それ以来、世界遺産の4施設、そして県内各地の温泉地や観光地に大勢のお客さんが来てくれております。また一方で、養蚕とか製糸とか絹織物、そういうものに対する関心というのは、これは群馬県だけではなくて、全国的に高まっております。そういう中で、平成27年、昨年の群馬県の繭の生産量は32年ぶりに前年に比べて増加ということになったわけであります。日本全体の平成27年の繭の生産量というのは、137トンでありました。これは、昭和40年代前半には、11万トン前後でありましたから、一口で言えば、その当時の800分の1から1000分の1に近いくらいに衰退してしまっているのであります。そういうふうに言うとピンとこないかもしれません。1mというのは、1000mmですね。それに比べて、1mmは目にも見えないような、そのくらいお蚕、養蚕というのは衰退をしているわけであります。

　この135トンというものの内訳を県別で見てみますと、そのうちの47.5トンが群馬県で、もちろん全国で1番であります。全体の35パーセントを占めております。第2位は福島県で21トン、3位が栃木県で20トン。2位、3位は群馬県の半分以下というようなことになるわけであります。熊本県は、参考に申し上げますと、0.1トン、100キログラムであります。さきほど、26年までに5戸とありましたが、27年は確か4戸に、1戸減ったようでありますけれども。そんな状況であります。

　そういう中で、我々は蚕糸や絹の振興などということを図る上で、ふたつの思いがあるわけでございます。ひとつは、養蚕とか絹というのは、稲作と並んで日本の文化の原点、私はそういうふうに思っております。今でも皇居では、天皇陛下が稲作をし、皇后陛下が養蚕をするということを続けてきていただいています。そういうことですから、伝統的な農家の建築とか、養蚕、また機織の機械とか、そういう道具というものを伝えていきたい、残していきたい、そしてまた、古来から伝わっている養蚕の技術とか、お蚕の種の保存、そして染めや折りの技術、そういうものを日本の原風景として残したいという思いであります。

　もうひとつは、衰退へと続く養蚕、絹産業というものを業として成り立つように、平たく言えば儲かる産業にして、何とか振興していきたいと、そういう

思いであります。群馬県でも、無菌飼育とか医療産業への応用とか、そういう研究が進んでいます。そういう中で、今回さきほど中嶋市長さんからお話がありましたとおり、養蚕を企業化、そしてまたそのラインというかですね、自動化へ。養蚕というのは非常に昔からたくさんの労働力、重労働を伴う産業でありました。それを省力化したり、合理化していく、そしてコストの削減をはかる、そういうことは非常に重要なわけでございます。そして、無菌状態の安全な施設で大量生産しようというものであります。

　私は新聞で少し前に山鹿市の計画を拝見したのですが、年間でそういう形で50トンを生産したいという目標を立てておられるそうでありますが、そういうことなのでしょうか。50トンというと、先ほどご紹介しました群馬県の47.5トンを上回るわけであります。群馬県は、137戸の農家が携わって47.5トンを生産している、それを超えるものをひとつの工場という形で企業化をしてやる。これはさきほど申し上げた養蚕業を産業として成り立つようにという試みの新しいひとつの道を開くものではないかな、と大いに期待をしているところであります。よろしく、がんばっていただきたいと思います。

〈大嵢商舎と川村迂叟について〉

手島　次に、栃木県宇都宮に創業した大嵢商舎に話題を移したいと思います。菊池さん、大嵢商舎についてお話いただけますでしょうか。

菊池　私は今日、皆様のお隣の県、栃木県宇都宮市からやってまいりました。よろしくお願いいたします。石井町は、宇都宮市の東部にあり、鬼怒川が流れています。私の記念館は、その鬼怒川の土手沿いにあります。

　それでは、大嵢商舎と川村迂叟について、少しお話をさせていただきます。

　本日ご来場の方々の中で、実際、宇都宮の大嵢商舎とその創設者川村迂叟について、その名前を

菊池芳夫さん

知っている方々が何人いることでしょうか。今日、初めて聞いたという方々がたくさんいるのではないかと思われます。

　宇都宮の大嵢商舎は、明治4年、近代的イタリア式器械製糸所として、宇

都宮市の東を流れる石井町鬼怒川沿岸大島河原に設立されました。設立者は、東京日本橋新右衛門町の豪商、川村家第13代川村迂叟といいます。明治14年には、工女工男は200名、釜数も100釜を超えました。繭の消費量、生糸の生産量もすごい量であったことが記録されています。

大嶹商舎

　幕末、アメリカでは南北戦争が起きました。時の大統領はリンカーン、北軍の司令官はグラント、南軍の司令官はリー将軍でした。北軍が勝ち、奴隷解放が行われました。そのグラント第18代大統領の明治9年、速水堅曹が審査員を勤めたフィラデルフィア万国博覧会に、大嶹商舎は、所産の生糸4操1箱を出品、絶賛を浴びました。明治12年、国賓として来日したグラントは、日光訪問の帰途、その名声を聞き及び、宇都宮市石井町大島河原大嶹商舎を1日かけて訪問するに至りました。中洲の大島河原へは石井村の船頭25人が櫂を漕ぎ、途中、村の漁師10人が鮎の投網漁を御覧に入れたそうです。

　大嶹商舎の創設者川村迂叟は、先ほどもお話しいたしましたが、川村家第13代に当たります。川村家は、江戸期、材木商を営み、財を成し、寛政の改革では、幕府勘定所御用達十人衆に抜擢され、鹿島や鴻池と肩を並べ、幕府や大名にも一目置かれる存在でした。宇都宮の石井とのつながりは、川村家が明治維新まで100年間、宇都宮の城主を務めた戸田家のスポンサーであったことから、幕末期、第13代迂叟が、その領地である石井村をはじめ、鬼怒川沿岸地域の開発を任されたことに始まります。鬼怒川沿岸地域の地味が桑木の栽培に適していることを発見、桑木の栽培を始めることになりました。ひいては、それが大嶹商舎の創設へとつながっていったわけであります。説明は以上になります。よろしくお願いします。

速水　ありがとうございました。私も、大嶹商舎のことをずっと調べているのですけれども、2013年、今から3年前に初めて大嶹商舎の跡地という宇都宮の場所へ行ってまいりました。その時に菊池さんがやっておられます、石井河岸菊池歴史記念館というところに寄らせていただいたのです。その時初めてお会いしました。大変熱心に地元の歴史を伝える活動をなさっておりまして、宇

都宮では何度も大嶋商舎のことを講演なさってくださっております。その後は、宇都宮に行く度に私は菊池さんのところに寄りまして、いろいろお話をさせていただいております。

　川村迂叟を筆頭とした川村家というのは、現在、一族といえるほどの繁栄をしております。川村迂叟の養子になります傳蔵という人物がいるのですが、彼が前橋製糸所に伝習に来まして、速水堅曹の直伝というか、技術を学んだのですけれども、その傳蔵の直系のご子孫のご兄弟が 2010 年から川村家の歴史をまとめるということで、たいへんな調査をして作業を進めております。もうじきまとまりますので、そのときにはまた大嶋商舎のことがもっと明らかになると思います。その大嶋商舎を立ち上げる川村迂叟という人物は、江戸の豪商でございまして、すこぶる気概があるものだったというふうに書かれております。堅曹とは、非常に肝胆相照らす仲であったと推察しております。明治 7 年に、前橋製糸所を指導したミューラーが提唱する、イタリア式の器械製糸所というのを創設いたします。傳蔵が専任となって出来上がったその製糸所というのは、当時の文献によりますと、「数里ノ郡村ヨリ蟻集シテ器械製作ノ新奇ナルニ驚キ大ニ民心ヲ奮起セシメタリ」と、それほど目新しく画期的な建物で人々は非常に驚いたという、それによって栃木県の周辺の器械製糸が発展していったと書かれております。

〈シルクサミットへの評価と今後の期待〉

手島　明治の初めも時代の大きな転換期でした。速水堅曹、長野濬平、川村迂叟、そして大野浪ら名もなき工女たちは、日本の国益、地域社会の未来を考え行動を起こしました。しかし、周囲の無理解や妨害に直面します。けれども、遠隔地に同じ志を持つ人が現れ、深い絆で結ばれます。この志と絆が日本の経済の近代化の原動力となりました。

　1 カ月ほど前に当たります、7 月 15 日に群馬県経済同友会の創立 60 周年記念式典で、福田康夫元首相が「日本の歩む道」と題する記念講演をされました。その中で福田元首相は「地方にこそ日本がある」という工夫をすることが重要だと指摘されました。

　近代国家日本を支えた蚕糸業は、前橋、熊本、宇都宮、二本松、豊橋と、まさに「地方にこそ日本」がありました。

　いま、地方は人口減少社会を迎え、大きな転換期を迎えています。明治初期

の転換期に生まれた志と絆を、再評価して受け継いで、今進められている地方創生に生かしたい。そういう可能性を託して「生糸のまち前橋発信事業」を進めています。

　最後に、パネリストのみなさんと速水さんに、この事業への評価、感想と今後への期待などをお聞かせいただきたいと思います。

中嶋　生糸のまち前橋発信事業は昨日から参加いたしまして、本当にすばらしい、そんな思いを強くいたしました。この前橋の地が日本全体の発祥の地として、大変なご苦労の中でこの養蚕製糸業を充実させ、発展させてこられた。そして、私たちの先輩がそういった技術やそういったものをしっかりと教授いただきながら、ふるさとの養蚕製糸業の発展につないでいただいた。本当に、そういった歴史、やはりこの私たちのふるさと、地域がもつ誇りやすばらしさ、そういった志をしっかりと後世に伝えていくことは、それぞれの地域としてとっても大切なことかな、とまさにそういった事業であるとそんな思いが致します。

　昨日は、豊橋での小渕しちさんの生き様、思い、人間性を演じられました素晴らしい演劇の DVD を拝見しましたけれども、本当に最初から涙をぬぐわずには観られない、そういった感動のドラマでございました。私はそこには、本当に大きな目的のために頑張る姿、そしていろいろな困難を乗り越えて目標を達成していく、そういった姿に多くの方が感動されたのではないかな、という思いがします。この生糸のまち前橋発信事業は、そういったものを含んでおるなという思いがします。さらに追加しますと、やはり 18 歳でこのふるさとの地を離れて私たちの地域に本当に製糸業の技術を伝えていただきました大野浪さん、そういった方の並々ならぬ努力があることに改めて気づき、感謝し、そしてこのすばらしい事業に心から敬意と拍手を送る次第でございます。以上でございます。

手島　ありがとうございました。今井さん、お願いいたします。

今井　今日は、喜源太、大野浪の代役として参りましたけれども、本来ならば、今は分かっていませんけれども、今井喜源太、浪の直系である睦男、禮子を。禮子のほうは今山鹿の小原というところに、おそらく誰かが住んでいるのではないのかと思いますので、ぜひこれが終わった後にまた所在をつきとめて、調査したいと思っております。ぜひ直系のほうの家族を調べてまた報告したいと

思っておりますので、よろしくお願いいたします。

手島　ありがとうございました。菊池さん、よろしくお願いいたします。

菊池　今、地方創生ということが新聞とか国会とかいろいろなところで叫ばれています。今回、前橋市さんのシルクサミットに参加しまして、小渕しちさんとか大野浪さんとか、いろいろな先人の方々のお話をお聞きしました。それらの方々の、いわゆる明治期に見せたみなぎる力、地方で頑張ってきたという力、それらを今、学ぶべきことを強く感じました。先ほど、山鹿市の中嶋市長さんも言いましたが、小渕しちさんの DVD を見まして、私も涙がでて止まりませんでした。

　実は、川村家 13 代迂叟は、幕末から明治にかけて、宇都宮石井に、製糸所とは別のところですが、居宅を作りました。現在、家は建て替えられていますが、敷地は、当初の 4300 坪そのままの姿で変えられずに残っています。周りを鬼怒川の玉石をベースにした土塁が積まれ、周囲を堀が囲んでいます。敷地入り口も桝形の土塁で出来ています。現在、迂叟のひ孫に当たる川村傳二郎さん御夫婦が住んでおられます。傳二郎さんは 91 歳になられます。実は、今日のシンポジウムの開催をお話ししましたところ、是非とも参加したいとのことでしたが、健康のこともあり、帰ったらお話をするということで参加は見合わせていただきました。その元気さには驚かされてしまいました。

　今回は、明治という時代に、地方で、繭や生糸で命をかけて頑張ってこられました人々が語られ、その人たちが近代日本を作り上げてきたということ、今の地方創生にまさに通じるシンポジウムであったことを前橋で学ばせていただきました。ありがとうございました。

手島　ありがとうございました。茂原館長、よろしくお願いいたします。

茂原　生糸のまち前橋発信事業、これを地方創生のひとつの目玉にしていこうということで、前橋の山本市長さんは若くて、元気で行動力があって、すばらしい方であります。皆さん昨日からお感じになっていると思います。そういう方が中心となって、事業を進めていこうということであります。立派な地方創生事業になるなと期待をしているところであります。

　この地方創生という事業は、皆さんご存知のとおり、2 年前に安倍政権が発表した政策でありますけれども、日本が人口減少社会に入ってしまいました。

そしてまた、一方で2点目として東京の一極集中というものが進んでいる、そういうことから地方が疲弊してしまうということが指摘されまして、2年ほど前に全国に1800ある市町村の中で896が消滅してしまうかもしれない、群馬県にも35あるのですが、そのうち20が消滅してしまうかもしれない、そういう指摘を受けたわけであります。そういう中で、人口の減少に歯止めをかけ、そして東京の一極集中にも歯止めをかけ、地方を活性化し、地域の振興を図っていかなければならない、国や県、市町村が一体となって取り組もうという政策であります。

　私が思うに、地方を活性化するというのは、まず人口減少ということを合わせて考えますと、若い人、そして女性が働きやすい、そういう希望を持って働ける場所を作るのが一番大事だと思っています。そして、ふたつめは、子供を育てやすい環境を作っていくということだと思います。いま、大学だとかいろいろな専門学校だとか、群馬県でも多くの方が東京へ学びに行く人がいます。そして、帰ってくる人が4割くらいしかいないのですが、そういうことを考えましたときに、やはり東京には実際に魅力のある仕事がたくさんある、そういうことが原因なんだと思います。したがって、それをやるには、やはり地元にいろいろな産業を興し、新しい魅力ある仕事を作ってやらなければだめだというふうに思います。

　かつては二次産業、工場というのは非常に人を使ったわけですけれども、今、どこの工場へ行っても長いラインの中にぽつん、ぽつんと人がいるだけなんです。そういうことで、今働く人たちというのは、商業だとか接客業だとか情報産業、そういういわゆる三次産業とか、我々は六次産業と言っておりますけれども、一次、二次、三次を足して六次産業、ひとくるみになった新しい産業を興していこうというようなことでやっていく必要があるというふうに思っております。そういう面からこの生糸のまち前橋発信事業というものを見たいと思うのですけれども、今回のこの試み、ひとつは交流というものを大事にされておるのだと思います。それからもうひとつは、観光振興というものを念頭に置かれているのだと思います。いずれも人が交流するということは、そこにいろいろな仕事が生まれてくると思います。今回のこの事業の中では、人と歴史というものに光を当てて前橋の姿を映し出しておられるのだと思います。熊本からも、栃木からも、愛知からも大勢の皆さんがおいでになって、前橋の人と歴史を通じてのつながり、絆を深めようということで、お互いの地域が交流するということは素晴らしい力になると思います。それも年々続けていただければと思っております。そういうものが第三者に対しても、大きなインパクトを与

えるのではないかな、と思っております。

　それから、観光の面でみると、我々が観光地に行く、私も好きでよく行くのですが、訪れるときにはその土地の風景、あるいは食べ物とか、いわゆる風光明媚、名物か、ということも大切な要素でありますけれども、それ以外に人と歴史、これが大きな要素、観光地の魅力であります。そういう意味で、今の大河ドラマで真田丸をやっておりますが、群馬県の岩櫃山（いわびつ）だとか、沼田城、こういったところに大勢のお客さんが訪れております。昨年は花燃ゆ、まだ覚えておられると思います。前橋が主な中心地になりまして、楫取素彦群馬県令と、その妻・文（ふみ）さんに光が当てられ、養蚕、製糸の町が全国に発信をされたわけであります。前橋は、先ほど来お話があるように、幕末から明治、大正、昭和、こういう時代にかけて、養蚕製糸の町として日本の産業を牽引してきた、そういう歴史をもつ市であります。富岡製糸場よりも2年前にイタリア式器械製糸を導入し、そこで教育を受けた人たちが全国へ行って、技術指導を伝えたというそういう歴史を多くの人に発信することによって、観光振興が図れるのではないかな、と思います。

　来年11月には、全国商工会議所観光振興大会というのが開かれます。これには全国の経済界のトップが大勢集まってきます。前橋・生糸のまちを発信する良い機会であると思います。私は、蚕糸振興協会という立場から前橋市と協力をしてこの養蚕で培ってきた前橋の伝統、そういうものを一緒に伝え、養蚕とか製糸とか、染め、織り、たくさん群馬には残っております、そういうものを発信していく機会にしたい、そうして、絹を、そして養蚕を大事にする社会になっていけば良い、そういうことに尽くしていきたいというふうに考えているところであります。ありがとうございました。

手島　ありがとうございます。最後になりましたが、速水さん、お願い致します。

速水　この事業の良さというところで、私がいつも思いますのは、非常に長期的な視野に立っているということと、ひとつの出来事、例えば、藩営前橋製糸所の創立について、または1人の人物、例えば速水堅曹について、という顕彰の単発ではなく、そこから広がりを持って、埋もれた人物ですとか、関係のある製糸所というのを発掘していくというところが、この事業の良さではないかと思っております。

　先ほど西南戦争の頃の話が出て、梨を送って食べていただけたかな、ということがございました。実は速水堅曹の甥っ子なんですけれども、さきほどの西

塚梅という一緒にやっていたお姉さんの次男になる謹承<ruby>謹承<rt>きんしょう</rt></ruby>という人物がいるのですが、彼は西南戦争の時に、東京鎮台の軍人として鹿児島に出征しております。そしてその戦争中の日記とか、戦地からの親族への手紙というものがきちんと残されていました。それを読んでおりましたら、今熊本にいて、これから鹿児島へ行くという手紙の中で「長野親蔵君のところへお訪ねしてきました。実に半焼で（緑川製糸所のことですね）、哀れむべき状況でございました。熊本城下は、町から五里くらい焼かれていないところが無いということで、実に悲惨な状況でありました」と綴ってきておりました。多分、母やおじの速水堅曹たちがすごく心配をして、見てきてほしいと頼んだのかもしれません。彼は必死に書いてきたのだと思います。明治5年に伝習を終えた長野親蔵に速水堅曹は、「お互い東と西にわかれても、国のために尽くそうと約束をした」という漢詩を残しております。良い生糸を作ろうという志のもと、遠隔地だからこそなおさら強い絆で結ばれていたのだと強く思いました。

手島　ありがとうございました。ご助言を励みに、来年の第2回シルクサミット in 前橋に向けて努力したいと思います。以上を持ちまして終了させていただきます。皆さま、ありがとうございました。

［写真提供］群馬県文書館、宮内庁書陵部、安武幸孝氏

「シルクサミット in 前橋」概要

主催：前橋市　　後援：前橋商工会議所

1. 趣旨

　世界遺産に登録された官営富岡製糸場創業の 2 年前の明治 3 年、藩営前橋製糸所が設立された。わが国初の器械製糸工場で、富岡製糸場のモデルになった。

　藩営前橋製糸所の責任者は速水堅曹で、前橋藩士の娘たちが工女として働いた。ここには全国から伝習生がやって来た。速水や工女たちがその技術を教え、器械製糸の技術は全国に広まった。同所は官営富岡製糸場と並ぶ器械製糸技術伝播の拠点であった。

　速水のもとで技術を教えたのは、5 名の工女。西塚梅（速水堅曹の姉）・深澤孝（深澤雄象の娘）・上羽勇（上羽菊太郎の娘）・大野浪（大野茂惣太の娘）・小林謙（小林準太の娘）。

　そこで、前橋市では藩営前橋製糸所の歴史的な役割を検証するため、前橋から器械製糸の技術が伝わった全国各地の自治体や研究者と連携して調査研究を行う「生糸のまち前橋発信事業」を進めている。その成果を公開する目的で、ゆかりの自治体関係者や研究者を招き「シルクサミット in 前橋」を開催するものである。

　また、旧富士見村（前橋市富士見町）出身の小渕しちは、二川町（愛知県豊橋市）に製糸（玉糸）技術を伝え、豊橋市を蚕都とするもとをつくった。さらに、旧粕川村（前橋市粕川町）出身の平野きくは、政府に選ばれタイ国に製糸技術を伝えた。二人も含め「前橋シルクセブン」としてその功績を調査顕彰するものである。

　調査結果や資料を前橋蚕糸記念館に常設展示し、日本遺産「かかあ天下―絹物語」の追加登録をめざす。

2. 前橋からの伝播地

　速水堅曹の日記によると、小倉（福岡県）・山鹿（熊本県）・津山（岡山県）・笠岡（岡山県）・福山（広島県）・福井（福井県）・上田（長野県）・東京・宇都宮（栃木県）・二本松（福島県）・鶴岡（山形県）に、その技術が伝わったことが確認できる。

熊本県へは帰郷する長野濬平に工女の一人であった前橋藩士・大野茂惣太（義三太）の娘・浪子（大野ナミ）を同行。ナミは熊本県ばかりでなく、九州に養蚕、座繰製糸や器械製糸の技術を伝えた。ナミは熊本県の蚕界の功労者として、次のように伝えられている。「故郷を辞し本県に来たり多数の製糸工女を養成し、之が為め漸次県下に於ても優等の工女輩出し、輸出の製糸を以てするに至れるは、同女の誘導懇到なる功労に皈着するもの」（『熊本県蚕業史』）。ナミは、山鹿郡小原村の今井喜源太と結婚。同村で養蚕製糸業に従事。

3.28 年度サミット

　平成 27 年度、熊本県山鹿市、栃木県宇都宮市、福島県二本松市、長野県上田市を調査した。その結果を発表するとともに、次の関係者を招きシンポジウムを開催（敬称略）。

熊本県山鹿市　市長　中嶋　憲正 / 大野ナミご子孫　今井　正則

栃木県宇都宮市　石井河岸菊池記念歴史館　館長　菊池　芳夫

　また、小渕しちを主人公の市民劇「ひとすじの糸―玉糸の祖小渕しちの生涯―」のDVD上演と記念トークなどを行う。

4. サミット概要

　（1）日程　　　　平成 28 年 8 月 27 日（土）、28 日（日）

　（2）会場　　　　群馬会館

　（3）内容

8 月 27 日　　13：30 〜 16：30

進行：南雲里紗

あいさつ	前橋市長　山本龍氏	（5 分）
オープニングアクト	「いとし前橋」と「豊橋音頭」	（15 分）
	真丘奈央氏（下村善太郎子孫、元宝塚歌劇団花組）	
記念トーク	「小渕しち・前橋・豊橋」	（30 分）
	宮下孫太朗氏（ひとすじの会会長）	
	馬場　豊氏（『ひとすじの糸』作者）	
	手島　仁（前橋市文化スポーツ観光部参事）	
	主演俳優挨拶	（10 分）
―休憩―		（10 分）

市民劇「ひとすじの糸―玉糸の祖小渕しちの生涯―」ひとすじの会（DVD 上映）（130 分）

山本龍前橋市長　　市民劇「ひとすじの糸ー玉糸の祖小渕しちの生涯ー」主演俳優　　豊橋市の皆さんと真丘奈央氏による「豊橋音頭」

8月28日　　10：00 〜 12：00

進行：南雲里紗

あいさつ　　前橋市長　山本龍氏

①講演「藩営前橋製糸所にかかわった商人たち
　　　－勝山宗三郎と小野組を中心にー」（30分）　差波亜紀子氏

②基調報告「生糸のまち前橋発信事業について」（20分）　手島　仁

③ DVD 上映「長野濬平〜近代養蚕業の開祖〜」（一部 10 分）

④シンポジウム（60分）

　　＜ゲスト＞

　　中嶋憲正氏／今井正則氏／菊池芳夫氏／茂原璋男氏

　　＜コーデイネーター＞

　　速水美智子氏 / 手島仁

差波亜紀子氏による演説　　シンポジウム

［来場者情報］

来場者数（概算）
　1日目　400名／2日目　300名

【2日間合計】

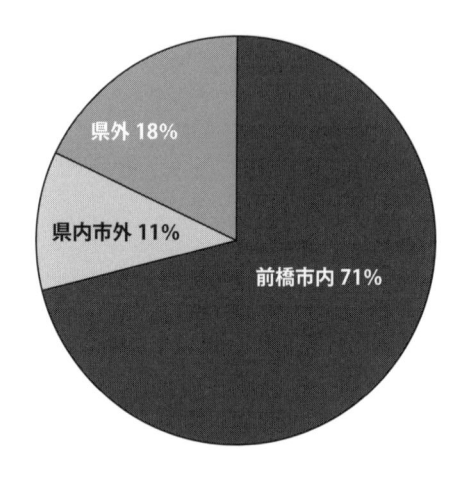

来客者アンケートより
　来場者年代

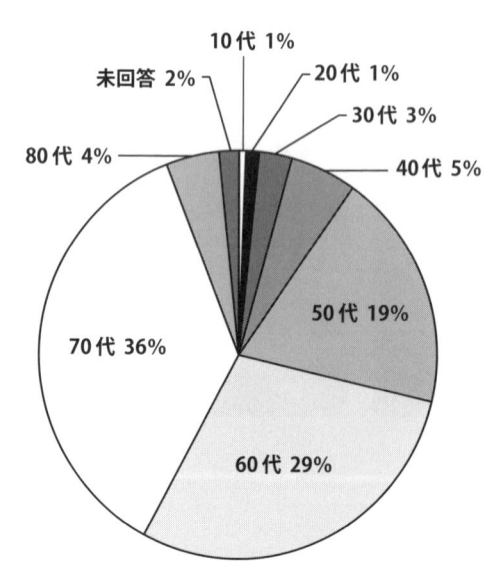

来場者アンケート　コメント（抜粋）

・前橋市の歴史のひもを解いてくれてありがとうございます。今後も期待しています。（50代男性）

・2日目のおもてなしコーナーでは、短い間でしたが凝縮されたもので、楽しく美味しくいただけました。ありがとうございました。（50代女性）

・2日間参加しましたが、知らなかったことがたくさんの方の説明により理解することができました。また、他県よりたくさんの人々が本県に来ていただいて良かったと思います。このような催しを開いて、本県と他県とのつながりを深めた方が良いと思いました。（40代女性）

・昨日に引き続き大変感激しました。前橋と熊本との絆を初めて知り、素晴らしいことと感激。関係者の調査への尽力、感謝します。次回のサミット楽しみにしています。（60代男性）

・前橋の生糸、その技術が全国に広がり、その核になった人々の熱意が大きかったことを知り感動しました。今後ますます調査研究が進み、前橋の人々が自信のもてるきっかけが出来ればよいと思う。（50代男性）

・2日間にわたり参加させていただきました。両日とも関係者の方々が親切にしてくださり、桑茶、アイスクリームはおいしくいただくことができました。楽しい2日間でした。シルクサミットが2回、3回と続くことを願ってやみません。ありがとうございました。（60代女性）

・前橋市が日本各地の絹産業に貢献し、明治の日本を支えた基になったことがわかった。また、絹産業は女性が活躍することができる他にない産業だと思う。現在日本は絹産業の衰退した国になってしまっているけれど、こうした機会でいろいろな人が絹産業について知り興味をもつことができ、とても良いと思う。（10代女性）

シルクサミット in 前橋　会場の様子

［歴史文化ガイドツアー］

前橋学市民学芸員によるシルクサミット in 前橋へお越しのお客様に向けた「生糸の市まえばし」ゆかりの地を歩いて巡るガイドツアーを実施。

シルクサミット会場の群馬会館から出発

日　時：平成 28 年 8 月 27 日（土）　午前 10 〜 12 時
　　　　　　　　　　28 日（日）　午後 1 〜 3 時
ゲスト：20 組 23 名

ガイドコース

→群馬会館
→下村善太郎の銅像
→前橋公園（楫取素彦功徳碑・宮崎有敬翁紀功碑・松陰の短刀を渡す像）
→広瀬川
→前橋残影の碑、提糸と生糸の取り枠を形取った街灯モニュメント
→日本最初の器械製糸所跡

［おもてなしコーナー］

来場者によりサミットの内容を理解していただくとともに、桑茶やスイーツのサービスなどで、満足度を高められ、効果的な事業開催とすることを目的として、シルクサミット会場内において、見学コーナーや体験ブースを設置。

日　時：平成 28 年 8 月 27 日（土）　午前 10 〜 12 時
　　　　　　　　　　28 日（日）　午後 1 〜 3 時

　　1 桑茶サービス（冷たい桑茶の無料提供）
　　2 スイーツサービス（桑茶とマルベリーのアッフォガードを提供）
　　3 日本絹の里コーナー
　　4 シルクグッズ販売
　　5 豊橋市・山鹿市・宇都宮市　関係市町村紹介
　　6 書籍販売
　　7 前橋絹遺産 MAP 等パネル展示コーナー

前橋学市民学芸員から来場者へ桑茶のサービス

バニラアイスに桑茶とマルベリーソースがかかったスイーツ

着物やストール展示　「蚕の一生」DVD 上映

桑くれ体験コーナー　生きた蚕を見る来場者

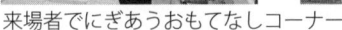

来場者でにぎあうおもてなしコーナー

読売新聞（平成 28 年 8 月 28 日）

小渕しちの功績知って

きょうまで　前橋でシルクサミット

市民劇に込めた思いを話した馬場さん（中央）ら

富岡製糸場と並ぶ器械製糸技術の伝播拠点だった藩営前橋製糸所の研究成果などを発表する「第1回シルクサミットin前橋」（前橋市主催）が27日、同市の群馬会館で始まった。初日は旧富士見村出身で、愛知県豊橋市に玉糸製糸技術を伝えた小渕しちの功績について、小渕しちの生涯を描いた市民劇などを通して考えた。28日まで。

市民劇「ひとすじの糸」の上映に先立ち、脚本を手がけた馬場豊さん、劇を上演した「ひとすじの会」の宮下孫太朗会長らのトーク

セッションが開かれた。

小渕を取り上げた理由について、馬場さんは「豊田佐吉の隣に座り、写真に納まる小渕について『どんな人なんだろう』と興味を持ったことがきっかけ」と説明。宮下会長は「小渕の功績を知る人は地元にほとんどいなかった。郷土に貢献した人を次代に残したいと思い、上演を考えた」と話した。

オープニングアクトでは、初代前橋市長、下村善太郎の子孫で、元宝塚歌劇団の歌手、真丘奈央さんが演じた「アヴェ・マリア」など4

曲を披露。製糸技術が広がる過程で、前橋との関わりが生まれた豊橋市や熊本県山鹿市などの関係者も参加した。

サミットは「生糸のまち前橋」の歴史的役割の検証などを目的に初めて企画された。28日は熊本で前橋の技術を伝えた大野浪らをテーマにしたシンポジウムなどが開かれる。入場無料。

上毛新聞（平成 28 年 8 月 28 日）

養蚕の歴史生かそう

シルクサミットで討議
前橋製糸所の役割 紹介

前橋製糸所について意見を交わすパネリスト

器械製糸技術を全国に伝える拠点だった藩営前橋製糸所に光を当てる「第1回シルクサミットｉｎ前橋」は28日、前橋市の群馬会館で2日目の日程を行った。熊本、栃木両県の関係者ら4人によるパネルディスカッションを行い、同製糸所が果たした歴史的役割について意見を交わした。養蚕の歴史を地域振興に生かす重要性を確認し、閉幕した。

ず、諦めなかった」と長野の功績をたたえた。

前橋製糸所の工女だった大野浪は、長野に招かれ技術を指導した。親類の今井正則さん（熊本市）は「それほど功績がある人とは最近まで知らなかった」と話

記念歴史館の菊池芳夫館長は、同市にあった大嶋製糸所にも前橋の技術が伝わったと紹介。「地方創生が叫ばれる中、私たちは明治の地方の先人たちを学ぶべきだ」と指摘した。

前群馬県副知事で日本絹の里（高崎市）の茂原璋男

し、今後、浪の直系の子孫を捜したいとした。

宇都宮市の石井河岸菊池館長は、「養蚕は稲作と並ぶ日本文化の原点」として、養蚕業の振興の必要性を強調した。

進行役は、前橋製糸所の責任者だった速水堅曹の子孫、速水美智子さん（茨城県守谷市）と前橋市文化スポーツ観光部参事の手島仁さんが務めた。

会場には約200人が来場。法政大講師の差波亜紀

子さんが講演した島さんが前橋製糸成果を報告した。

あとがき

　本書は、平成 28 年 8 月 27・28 日に行われた「第一回シルクサミット in 前橋」の内容を出演者の了解を得て活字化したものです。中嶋憲正山鹿市長様はじめ皆さまご多用のところ、原稿の校正までしていただき、ご芳名は列挙いたしませんが、改めて御礼を申し上げます。

　サミットで行われました差波亜紀子氏の講演「藩営前橋製糸所にかかわった商人たち―勝山宗三郎と小野組を中心に―」については、別に前橋学ブックレットに執筆していただくことになっています。既刊のブックレット 1、8 号と合わせると、日本最初の器械製糸である前橋製糸所の全容をかなり解明することができます。

　本文中にも触れられていますが、平成 28 年 3 月末の熊本市や山鹿市への再調査のすぐあとの 4 月に熊本地震が発生しました。市内にお住まいの今井さんはじめご家族や関係の皆さまは被害に遭われ、余震にも苦しめられる生活を余儀なくされておられました。8 月のサミットへの開催について、どうしたらよいのか、そのお尋ねさえ躊躇しました。しかし、今井正則さんはじめ今井家の皆さまには予定通り御出席をいただき、改めて感謝申し上げます。また、その後も、調査を続けられ、ついに前橋出身の製糸婦・大野浪の直系のご子孫も明らかになりました。今後、大野浪について、調査研究が進むと思われます。

　明治の時代の地方の志と絆が、日本の近代化を支えたように、人口減少社会を迎え、「地方創生」が叫ばれている今、再び先人の志と絆を継承して、地域再生に役立てればと願って、シルクサミットの内容を活字化しました。合わせて、今後ますます前橋市と熊本市、山鹿市、豊橋市、宇都宮市の交流が深まることを願っています。

mBOOKLEt

創刊の辞

　前橋に市制が敷かれたのは、明治 25 年（1892）4 月 1 日のことでした。群馬県で最初、関東地方では東京市、横浜市、水戸市に次いで四番目でした。

　このように早く市制が敷かれたのも、前橋が群馬県の県庁所在地（県都）であった上に、明治以来の日本の基幹産業であった蚕糸業が発達し、我が国を代表する製糸都市であったからです。

　しかし、昭和 20 年 8 月 5 日の空襲では市街地の 8 割を焼失し、壊滅的な被害を受けました。けれども、市民の努力によりいち早く復興を成し遂げ、昭和の合併と工場誘致で高度成長期には飛躍的な躍進を遂げました。そして、平成の合併では大胡町・宮城村・粕川村・富士見村が合併し、大前橋が誕生しました。

　近現代史の変化の激しさは、ナショナリズム（民族主義）と戦争、インダストリアリズム（工業主義）、デモクラシー（民主主義）の進展と衝突、拮抗によるものと言われています。その波は前橋にも及び、市街地は戦禍と復興、郊外は工業団地、住宅団地などの造成や土地改良事業などで、昔からの景観や生活様式は一変したといえるでしょう。

　21 世紀を生きる私たちは、前橋市の歴史をどれほど知っているでしょうか。誇れる先人、素晴らしい自然、埋もれた歴史のすべてを後世に語り継ぐため、前橋学ブックレットを創刊します。

　ブックレットは研究者や専門家だけでなく、市民自らが調査・発掘した成果を発表する場とし、前橋市にふさわしい哲学を構築したいと思います。

　前橋学ブックレットの編纂は、前橋の発展を図ろうとする文化運動です。地域づくりとブックレットの編纂が両輪となって、魅力ある前橋を創造していくことを願っています。

前橋市長　山本　龍

前橋学ブックレット⑫

｜シルクサミット in 前橋｜
ー前橋・熊本・山鹿・宇都宮・豊橋ー

発 行 日／ 2017 年 10 月 11 日 初版第 1 刷

企　　　画／前橋学ブックレット編集委員会
〒 371-8601　前橋市大手町 2-12-9　tel 027-898-6994

発　　　行／上毛新聞社事業局出版部
〒 371-8666　前橋市古市町 1-50-21　tel 027-254-9966

ⓒ Jomo Press 2017 Printed in Japan

ISBN 978-4-86352-189-6

ブックデザイン／寺澤　徹（寺澤事務所・工房）

―― 前橋学ブックレット〈既刊案内〉――

❶日本製糸業の先覚 速水堅曹を語る（2015 年）
石井寛治／速水美智子／内海 孝／手島 仁
ISBN978-4-86352-128-5

❷羽鳥重郎・羽鳥又男読本 ―台湾で敬愛される富士見出身の偉人―（2015 年）
手島 仁／井上ティナ（台湾語訳）
ISBN978-4-86352-129-2

❸剣聖 上泉伊勢守（2015 年）
宮川 勉
ISBN978-4-86532-138-4

❹萩原朔太郎と室生犀星 出会い百年（2016 年）
石山幸弘／萩原朔美／室生洲々子
ISBN978-4-86352-145-2

❺福祉の灯火を掲げた 宮内文作と上毛孤児院（2016 年）
細谷啓介
ISBN978-4-86352-146-9

❻二宮赤城神社に伝わる式三番叟（2016 年）
井野誠一
ISBN 978-4-86352-154-4

❼楫取素彦と功徳碑（2016 年）
手島 仁
ISBN 978-4-86352-156-8

❽速水堅曹と前橋製糸所 ―その「卓犖不羈」の生き方―（2016 年）
速水美智子
ISBN 978-4-86352-159-9

❾玉糸製糸の祖 小渕しち（2016 年）
古屋祥子
ISBN 978-4-86352-160-5

❿大珠山是字寺龍海院（2017 年）
井野修二
ISBN 978-4-86352-177-3

⓫ふるさと前橋の刀工 ―古刀期～近現代の上州刀工概観―（2017 年）
鈴木 叡
ISBN 978-4-86352-185-8

各号 定価：本体 600 円＋税